高等职业教育“十四五”规划教材
中国特色高水平高职专业建设计划成果
现代农业装备应用技术专业群系列教材

大豆全程机械化生产技术

李东阳　杜长征　主编

中国农业大学出版社
·北京·

内 容 简 介

本书是以任务为导向讲解大豆全程机械化生产技术的专业书籍。从大豆种植的流程入手，按耕、种、管、收四大环节的顺序详细介绍大豆生产的全程机械化技术，该生产技术是应用一批先进适用的农机化技术进行组装配套，提高大豆经济效益和机械化生产水平的一项综合生产实用技术。其中，着重介绍四大环节所采用的不同作业机械的分类、结构组成、作业特点、操作规程及维修养护，强调了农机与农艺紧密结合的重要性。读者可全面了解如何利用现代化农业机械提高大豆生产的效率和质量，降低生产成本，发展农业生产规模。

总之，本书是一本内容丰富、实用性强、指导全面的书籍，可为农机专业学生、对农业机械感兴趣的初学者及需要提升农业生产效率的资深农民提供相关的理论知识和实践指导。

图书在版编目(CIP)数据

大豆全程机械化生产技术 / 李东阳，杜长征主编． -- 北京 ：中国农业大学出版社，2025．4． -- ISBN 978-7-5655-3440-9

Ⅰ．S233．75

中国国家版本馆 CIP 数据核字第 2025XW6433 号

书　　名　大豆全程机械化生产技术

作　　者　李东阳　杜长征　主编

策划编辑　许晓婧　张秀环　　**责任编辑**　许晓婧

封面设计　李尘工作室

出版发行　中国农业大学出版社

社　　址　北京市海淀区圆明园西路 2 号　　**邮政编码**　100193

电　　话　发行部 010-62733489，1190　　读者服务部 010-62732336

编辑部 010-62732617，2618　　出　版　部 010-62733440

网　　址　http://www.caupress.cn　　**E-mail**　cbsszs@cau.edu.cn

经　　销　新华书店

印　　刷　河北虎彩印刷有限公司

版　　次　2025 年 6 月第 1 版　　2025 年 6 月第 1 次印刷

规　　格　185 mm×260 mm　　16 开本　　11 印张　　268 千字

定　　价　33.00 元

编审人员

主　编　李东阳　杜长征

副主编　赵作伟　冯艳辉　田海泉

参　编　许智慧　宋春晖

主　审　赵胜雪

前　言

本书以党的二十大"全方位夯实粮食安全根基""确保中国人的饭碗牢牢端在自己手中"的会议精神为指引，坚持"藏粮于地和藏粮于技"的国家战略，在系统地介绍大豆机械化生产的全过程，包括耕整地、播种、田间管理、收获及秸秆处理等各个环节的过程中，为农业从业人员及职业院校培养具备专业知识和技能的农业人才提供全面的技术指导和解决方案。推广和应用大豆全程机械化生产技术，对于促进我国农业现代化、提高农业生产效益、增加农民收入具有重要意义。

一、内容

本书全面介绍了大豆全程机械化生产技术，并以项目和任务为导向分别详细阐述了大豆生产的耕整地、播种、田间管理和收获等各个环节的机械化技术和方法。在内容安排上，本书注重理论与实践相结合，力求使读者能够全面了解和掌握大豆全程机械化生产的相关知识和技能；在组织结构上，本书采用以任务为导向的目标引导模式，使读者更扎实地掌握农业作业机械在大豆机械化生产上的应用。编写分工如下，李东阳为主编，编写内容为项目一的任务一；杜长征为主编，编写内容为项目一的任务二和任务三。赵作伟为副主编，编写项目二的任务一；冯艳辉为副主编，编写项目二的任务二；田海泉为副主编，编写项目二的任务三。许智慧编写了项目三；宋春晖编写了项目四。全书由赵胜雪主审。教材还存在很多不足之处，请相关人员多提宝贵意见。

二、特点

本书主要体现出以下几方面的特点。

(1)系统性　对大豆全程机械化生产进行了全面系统的介绍，涵盖了各个环节的关键技术和方法。

(2)实用性　注重实用性和可操作性，对各种农业机械化技术和方法进行了详细的阐述和解析，方便读者在实际生产中应用。

(3)新技术　引入了一些新的机械化技术和方法,反映了当前农业科技发展的最新成果。

(4)图文并茂　采用图文并茂的方式编写,方便读者理解和掌握相关知识和技能。

三、期望

希望本书能够成为广大农民朋友、农业技术人员以及农业院校师生的有益参考书,为推动我国大豆全程机械化生产的普及和应用发挥积极作用。同时,也期待着读者在使用过程中提出宝贵的意见和建议,以便后续改进和完善。

四、致谢

在本书编写过程中,得到了许多专家、学者和一线从业者的支持和帮助,在此对他们表示衷心的感谢!特别感谢所有关心和支持本书编写和出版的人员,以及广大读者。愿我们在农业现代化的征程中携手共进,共同为我国农业的繁荣和发展贡献力量。

编　者

2024 年 10 月

目　　录

概　论

大豆古称菽，起源于中国。大豆在中国各地均有栽培，已有五千年栽培历史，大豆是重要粮食作物之一，同时广泛栽培于世界各地。大豆是豆科大豆属的一年生草本植物，高 30～90 cm。大豆蛋白质含量为 35%～40%。大豆茎粗壮，直立，密被褐色长硬毛。叶通常具 3 小叶；托叶具脉纹，被黄色柔毛；叶柄长 2～20 cm；小叶宽卵形，纸质；总状花序，短的少花，长的多花；总花梗通常有 5～8 朵无柄、紧挤的花；苞片披针形，被糙伏毛；小苞片披针形，被伏贴的刚毛；花萼披针形，花紫色、淡紫色或白色，基部具瓣柄，翼瓣蓖状。荚果肥大，稍弯，下垂，黄绿色，密被褐黄色长毛；种子 2～5 颗，椭圆形、近球形，种皮光滑，有淡绿、黄、褐和黑色等多样。花期 6～7 月，果期 7～9 月。最常用来做各种豆制品、榨取豆油、酿造酱油和提取蛋白质。

随着中国经济的发展，中国大豆需求增长比生产增长更为强劲，每年仍然需要大量进口。大豆生产全程机械化有助于解放劳动力，在我国有限的耕地上生产出更多的大豆，减轻大豆进口压力，进一步确保我国粮食安全。大豆是我国第一大豆类粮食作物，种植面积已超过 6 亿亩，其机械化程度已经达到了一定的水平，数据显示：2023 年大豆种植面积达 1.57 亿亩，同比增 345.1 万亩。其中高油高产大豆面积 2 000 多万亩，同比增 500 万亩左右。大豆生产全程机械化生产技术加快应用、机具持续增加、机械化水平平稳推进，全程机械化成效开始显现。

大豆生产全程机械化是指在大豆生产的全部环节中，耕整地、播种、施肥、植保、中耕、收获、脱粒都使用机械作业。重点以耕、播、管、收作业为主，综合计算大豆生产全程机械化程度一般单项作业平均水平达到 85%～90%以上称为实现大豆生产全程机械化。大豆的精量播种、化肥深施、节水灌溉、高效植保等农业机械化生产作业，可达到有效节种、节肥、节药、节水和节能的目的。因此，发展大豆生产全程机械化有利于发展资源节约型、环境友好型农业，促进农业可持续发展。建设社会主义新农村、发展现代农业必然要求高素质的农村劳动力。全程机械化生产的发展过程很大程度上也是造就高素质新型职业农民的过程。

大豆生产全程机械化的第一环节是机械化耕地作业，机械化耕地可对土地深耕细整，使土质疏松透气、保水保肥，提高大豆的出苗率，达到苗齐、苗壮的要求，为取得大豆丰收打下基础。

(一)机械化耕整地技术

机械化耕地整地技术主要有两种方式：A 翻地作业，就是以铧式犁、圆盘耙、钉齿耙、镇压器等配套组合进行的作业方式。这种方式就是先进行翻地，然后进行耙地和耢平。主要适用于平播作业。B 联合耕整地作业，就是采用具有旋耕、灭茬、深松和起垄功能的耕整地联合作业机，一次进地完成根茬粉碎、土壤旋耕、耕层松土和起垄作业。适用于垄上播种。

(二)机械化精密播种技术

播种是保证苗全、苗齐、苗壮的重要环节，是关系增产增收的大事。机械化精密播种可以精确控制播种量、株距和播种深度。

我国使用的精密播种机按排种方式可分为机械式和气力式两种。现有的各种型号精密播种机都可以一次完成化肥深施、播种、覆土、起垄、镇压等作业。机械式精密播种机排种器主要有窝眼式、勺轮式和指夹式三种。气力式精密播种机排种器可分为气吹式和气吸式。这种播种机播种精度高，种子无破损，可以高速作业。为保证播后种子与土壤紧实接触，减少水分流失，播种后要适时进行镇压作业，以改善土壤的坚实程度。在春季干旱多风时减少水分的蒸发，同时还可促进土壤毛细管的形成，调动下部水分不断向上运动，促进作物早出苗、出齐苗、出壮苗。

（三）中耕追肥技术

中耕是在作物生长期间用机器对土地进行机械化深耕，主要目的是翻松土壤、改善土壤通气性和透水性，对于大豆生长有多方面的促进作用。大豆适合的中耕应当在其一次阶段性的生长后进行，时机应掌握得准确。具体而言，中耕的最佳时间应当在大豆开花之前，以避免损伤花荚，影响大豆的结果。

追肥是提高大豆产量和品质的有效手段。追肥是在大豆生长过程中进行的施肥，主要以氮磷钾复合肥为主。一般在分枝期到开花初期进行一次追肥，有利于增加分枝数和花荚数，以促进大豆的生长和发育。

中耕追肥机械化作业采用高地隙中耕施肥机具或轻小型田间管理机械，一次完成开沟、施肥、培土、镇压等工序。追肥机各排肥口施肥量应调整一致。

（四）喷洒除草剂和农药技术

化学除草与病虫害防治也称植物保护，目的是把病虫草害消灭在危害之前。植保机械主要用于喷洒除草剂和农药，同时还可喷施植物生长调节剂。目前我国喷洒除草剂等农药主要应用的是喷杆式喷药机和无人机飞防技术。

（五）机械化收获技术

大豆机械化收获（图 0-0-1）多年来一直是大豆全程机械化作业技术的瓶颈，近几年这项技术发展较快，大豆联合收获机各种机型基本成熟。大豆机械化收获作业应符合 NY/T 738—2020《大豆联合收割机　作业质量》要求。

（1）收获时要求割茬高度一般在 4～6 cm，以不漏荚为原则，尽量放低割台。没有自动升降控制系统的挠性割台，其高度指示器完好可靠，收割作业时，高度指示球应控制在 2 的位置上，以保证挠性割台对地面有一定的压力，割刀又不吃土。

图 0-0-1　大豆机械化收获

(2)为防止炸荚损失，要保证割刀锋利、不缺损，割刀间隙需符合要求，减少割台对豆枝的冲击和拉扯。

(3)拨禾轮的转速和高度要适宜，晚期的豆枝含水率较低，拨禾轮转速需要相对降低，并对拨禾轮的压板加装橡皮等缓冲物，以减小拨禾轮对豆荚的冲击。

(4)作业时可用作业速度、割茬高度及割幅宽度来调整喂入量，使机器在额定负荷下工作，要降低夹带损失，避免发生堵塞故障。

项目一　大豆生产机械化耕整地技术

项目引入

大豆生产全程机械化的第一环节是机械化耕整地作业。机械化耕整地作业是农业生产的基础性工作之一，是农业种植的前提。耕整地机械在农业生产中有多选择性、高效率、土壤破坏性低等优点。但同时耕整地机械在技术和结构上还有很大的差异，因此，需要研究耕整地机械的种类特点，以更深入地理解耕整地对农业生产的作用，促进耕整地机械在农业生产上的更好应用。

深耕应在前茬作物收获后立即进行，使土壤有较长的熟化时间，利于接纳秋冬雨雪，夯实土壤。一般耕深以22～25 cm为宜。早春耕地，耕深不能超过原耕层深度，作业后的土壤应细碎、平整，表土层松软并有适宜的压实度，以利于提高土壤湿度。秋整地的好坏直接影响下年春播的质量、进度和农时。秋整地、秋起垄、秋施肥"三秋"整地对于提高地温、提前种植、一次播种保全苗、增加积温、提高大豆品质、降低大豆收获时水分、提前销售、提高作物产量和实现地块产量均衡具有重要意义。

(一)土壤耕作目的

土地耕作是整个农业生产过程中最基本、最重要环节之一，其主要作用包括：

(1)疏松板结土壤恢复土壤的团粒结构，为作物生长积蓄、存储更多的水分和营养物质。

(2)通过深耕和翻扣土壤将杂草、作物残茬、病虫覆盖到地下，以利于消灭杂草和病虫害。

(3)将长时间形成的耕作底层的板结土层翻到地表，改善土壤的透气性和作物的生长环境。

(二)土壤耕作方法

土壤耕作方法又称土壤耕作制度，指根据作物对土壤的要求和土壤的特性，采用机械或非机械方法改善土壤耕层结构和理化性状，以达到提高土壤肥力、消灭病虫、杂草的目的而采取的一系列耕作措施，它是提高农作物产量的重要措施之一。目前的土壤耕作方法有精耕细作法、免耕法、少耕法、保水耕作法和联合耕作法。

1. 精耕细作法

精耕细作法是我国北方广大地区大多采用的传统耕作方法，即在作物生产过程由机械耕翻、耙压和收获等工序组成的土壤耕作体系。显然，该耕作方法在作物的生长周期内需要机器进地进行耕翻、平整、中耕、除草、浇灌、喷药、施肥、收获等多次作业。

该作业方法的优点是可以根据田间作物的生长状况随时作业，如通过中耕除草，不仅改善土壤的透气性，而且消灭了杂草与作物抢肥争水的问题，确保作物的茁壮生长；其次，通过细化作业环节，为后续工序创造良好的作业环境；最后，由于该方法已经过长期实践经验的检验，所以对不同地区、不同作物具有很好的适应性。但是随着现代化农业科学技术的发展，该方法也开始暴露出诸多缺点，主要表现为：

(1)长期的精耕细作，使得土壤的有机质含量降低很快，增加了农田对肥料的依赖性。

(2)土壤侵蚀退化土层变浅变薄，导致农作物产量下降，农田破坏严重。

(3)由于机器多次进地作业，导致耕作底层板结硬化，不利于土壤的透气、透水，影响作物的产量和农业生产的可持续发展。

(4)劳动强度大，导致农业生产成本的上升，农业生产周期的延长，不利于土地复种指数的提高。

所以近年来，国内外逐渐出现了以少耕、免耕、保水耕作等为主的保护性耕作方法和联合耕作法。

2. 免耕法

免耕法兴起与发展由20世纪20—30年代美国的多次黑风暴而催生，并于40年代初出现；60—70年代引起人们的普遍关注和重视，目前已在许多国家进行试验和推广，属于当前国内外推行保护性耕作的主要耕作方法之一。免耕法是农业生产过程免除土壤耕作，利用免耕播种机直接播种，或对作物秸秆和残茬进行适当处理后直接播种的一种作业方式。据一些农业生产发达国家介绍，该方法具有如下优点：

(1)不耕作或极少耕作，土壤无坚硬的犁底层，土壤结构不被破坏，土质比较疏松。

(2)无杂草，作物间通风透光良好，田间管理作业方便。

(3)施用除草剂除草，便于机械化作业，或结合灌溉、植保作业进行除草灭茬，省工省时。

特别是在我国环境气候恶化日益严峻的当前，免耕法还具有抵御"沙尘暴"和防止水土流失的作用，对减缓土地沙化速度，甚至防止沙化具有重要的意义。其缺点是免耕后土壤有机质含量降低较快，土壤肥力完全靠人工施肥或休耕补充，所以实施免耕的地区，多为土壤肥沃的地区；其次长期施用化学除草剂，特别是单一种类的除草剂，容易出现除草剂"胁迫现象"，即一些杂草少了，而另一些杂草可能更猖獗、更难于控制。另外，许多化学除草剂对农产品的品质和人类健康有不良或还存在认识不清的影响，所以该技术的使用还需要与其他技术结合起来，如国外出现的以全免耕为主的耕作模式——化学除草免耕法、生物覆盖免耕法等，以覆盖整株秸秆为主的免耕模式——立秆免耕法、倒秆免耕法、碎秆免耕法等。

3. 少耕法

少耕法指一种缩小土壤耕作面积和减少耕作次数的耕作制度，也称留茬播种法。由于该方法是在常规耕作模式的基础上减少土壤耕作次数和强度，所以该方法也属于保护性耕作体系中的一种。少耕法的特点是缩小耕作面积和减少耕作次数，如田间局部耕翻、以耙代耕，以旋耕代犁耕、耙耕结合、板田播种、免中耕等。

一般来说，在一种作物的生产周期内，可以减少机具进田次数4～6次，显然该方法在发挥上述优势的同时，保留并继承了常规耕作和免耕播种的优势，在国内外的推广应用面积正在逐年增加。

4. 保水耕作法

保水耕作法是对土壤表层进行疏松、浅耕，防止或减少土壤中水分蒸发的一种保护性耕作方法，有时也叫浅耕法，包括浅旋耕、浅耙、中耕除草等。其优点是可减低因蒸发水分而发生的冷却作用，同时耕后表土疏松，有利太阳能的导入。

与此类似的还有地表灭茬耕作法，即对收获后的作物残茬或秸秆进行粉碎、还田、消除残茬，以利于耕翻、播种、保持水分的一种耕作方法。该方法可有效防止水土流失和土壤侵蚀，改善土壤结构和物理性质，抑制土壤水分的蒸发，调节地表温度等优点。

5. 联合耕作法

联合耕作法是作业机在同一种工作状态下或通过更换某种工作部件一次完成深松、施肥、火茬、起垄、播种、喷药等多项作业的耕作方法，其最大优点是可以大大提高作业机具的工作效率，将机组进地次数降低到最低限度，该法目前受到了广大农业种植户的普遍欢迎。

综上所述，虽然耕作方法比较多，且各有优势，但是也都存在不足。所以在推广应用过程中必须把不同耕作方法结合起来使用，如将少耕、免耕、保水耕、地表灭茬与常规的精耕细作法结合起来，从而达到提高综合效益的目的。

项目任务

通过对不同耕整地机械按农艺要求的理论应用，全面掌握大豆全程机械化生产中耕整地的作业技术；通过对翻、松、耙、耢、起(垄)、压等农艺过程与对应机具的实际运用，系统地掌握不同耕整地机械的作业原理、应用环境及现实作用；同时详知土壤勘察、机型选定、机车状态调整、作业路径选择等耕整地前期工作以及作业后的机具机车保养、入库封存等技术规程。

学习目标

◆ 知识目标

熟知耕整地机械的分类；
理解耕整地机械的原理和作用；
详知耕整地机械的调整及维修保养；
掌握不同耕整地机械在大豆生产上的应用技术。

◆ 能力目标

会合理选用不同的耕整地机械；
能按农艺要求对不同耕整地机械进行调整；
能快速发现和解决耕整地机械在工作中出现的问题；
能分析和判断不同耕整地机械的效果、效率并调整到更好状态。

◆ 素质目标

树立服务三农意识，形成强烈的爱国热情，培养良好的职业道德；
培养良好的农机应用意识，发扬严谨的工匠精神；
培养良好的学习习惯，形成严格自律的自我学习能力；
培养良好的交流、协作意识，形成较强的沟通交流和团队协作能力；
培养良好的信息检索习惯，形成较强的信息检索能力。

项目实施

任务一　机械化耕地作业

一、任务引入

耕地作业包括翻地和深松两种作业，翻地是农业耕作中的第一步作业，其主要目的是通过翻耕，将压实板结的表层土壤连同地表杂草、残茬、虫卵、草籽、绿肥或厩肥等一起埋到土壤下层，起到松碎土壤，改善耕层结构，促进土壤中的水、肥、气、热相互协调，消灭杂草和病虫，提高土壤肥力的作用，为作物生长发育创造良好的土壤条件。深松作业是一项在世界各地得到广泛应用的农业增产技术，多用于保护性耕作。

1. 任务描述

翻地作业一般选择在秋天。秋季雨水常常比春季多，秋翻地能够多积蓄秋冬雨雪，可弥补春墒不足，使秋雨春用。秋翻地不仅能改善土壤、加深耕层、消灭病虫害、清除杂草，还具有蓄水保墒、防御旱涝的作用。秋翻地可减少劳力，避免在春季农忙时争抢人力和时间。秋翻地要翻早不翻晚，掌握适宜耕翻深度，这样才能有充分的时间进行土壤熟化，建立土壤耕层水库，实现秋墒春用。

翻地作业在特殊情况下也可在春季进行，如秋雨过大、秋收时间过短，或是种植户自身原因无法进行秋翻的，也可以在第二年解冻后进行春翻，但相对于秋翻效果会差一些。

2. 任务步骤分解

翻地作业的流程见图 1-1-1。

勘察田间情况 ⇒ 选择适用机具 ⇒ 调整机具技术状态 ⇒ 翻地作业 ⇒ 保养封存

图 1-1-1　翻地作业流程图

二、任务前知识准备

问题 1-1-1：翻地的作用是什么？

问题 1-1-2：翻地的农时为何时？

问题 1-1-3：用于翻地的机械都有什么？

问题 1-1-4：翻地前要做哪些准备？

问题 1-1-5：农艺上对翻地有什么要求？

问题 1-1-6：翻地机械的调整和保养有哪些内容？

问题 1-1-7：深松机的作用是什么？

问题 1-1-8：深松机的类型有什么？

问题 1-1-9：深松机的调整和保养有哪些内容？

三、任务实施

❖ 步骤 1：勘察田间情况

翻地前要注意土壤湿度、土壤黏重程度、地块大小及地表秸秆等情况。土壤含水量在18%～22%时翻地适宜，翻后土壤细碎，保墒保苗好，并且翻地阻力小，工效高；秋翻应优先翻耕土质黏重的地块，以达到疏松土壤，加速土壤熟化的目的；地块大小及形状决定着翻地机车机具的选择，面积大、形状较规则的地块适合选用大型机具；地表秸秆的长度和均匀度是影响翻地质量的重要原因之一，一般前茬作物采用机械化收获，收获机自带的秸秆还田装置正常的情况下，可以达到翻地的要求，秸秆过长和覆盖过于不均，则应该采取一定的措施（如用秸秆还田机进行粉碎或打包离田）进行处理。

❖ 步骤 2：选择适用机械

1. 机械化耕地作业理论知识

翻地作业可选择的最常用机械主要是铧式犁和圆盘犁，深松作业虽然也属于耕地作业，但多用于保护性耕作，深松作业的主要机械是不同形式的深松机。

（1）铧式犁

铧式犁是世界上使用最广的耕作机械，技术最为成熟，作业范围最广，铧式犁是通过犁体曲面对土壤的切削、碎土和翻扣实现耕地作业的。据了解，铧式犁源于西方的犁，一般认为欧洲的铧式犁创始于 8 世纪，直到 20 世纪前半期美国人开始推广少耕、免耕法，使用凿式松土机进行深松而不用铁式犁翻耕土壤，表面则用圆盘耙浅耕灭茬，铧式犁的使用才有所减少。世界上的铧式犁分为两大类，东方铧式犁和西方铧式犁（图 1-1-2）。

东方铧式犁的犁体有使土垡上窜的作用，称为“窜垡”，东方犁起源于亚洲，中国的传统犁、日本的和犁均属此类。这种窜垡犁有阻力小、重量轻、构造简单、使用方便等特点。

西方铧式犁的犁体则是使土垡就地翻转，称为“滚垡”。西方犁，盖草严实，作业时的稳定性较好，适合于机力牵引，故现在的机引犁多为西方犁。

铧式犁还有其他多种不同类别的分类方法，如图 1-1-3 所示。

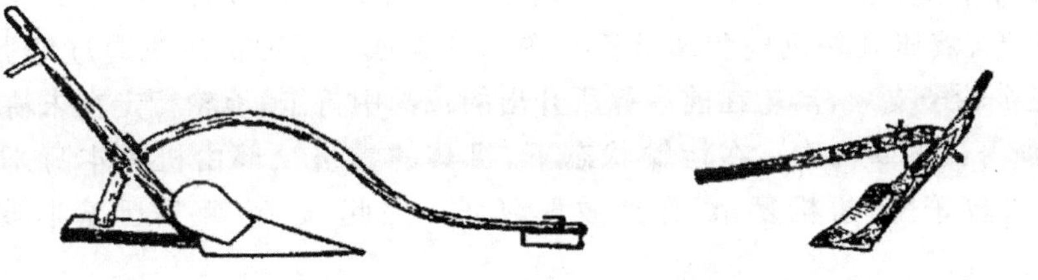

a　　　　　　　　　　　　　　　　b

东方铧式犁　a 中国传统犁　b 日本和犁

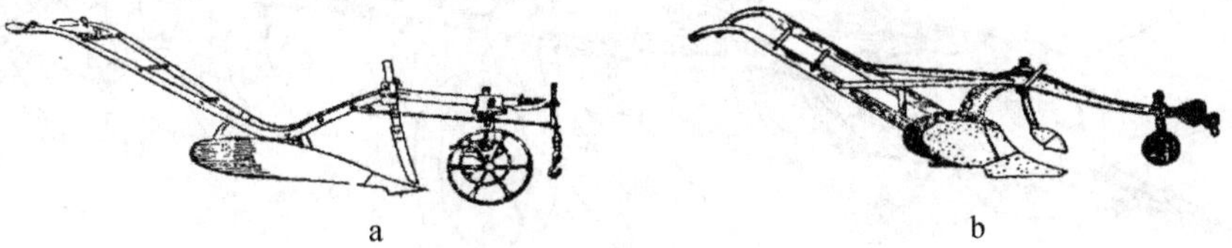

a　　　　　　　　　　　　　　　　b

西方铧式犁　a 英国传统犁　b 美国畜力犁

图 1-1-2　东西方铧式犁

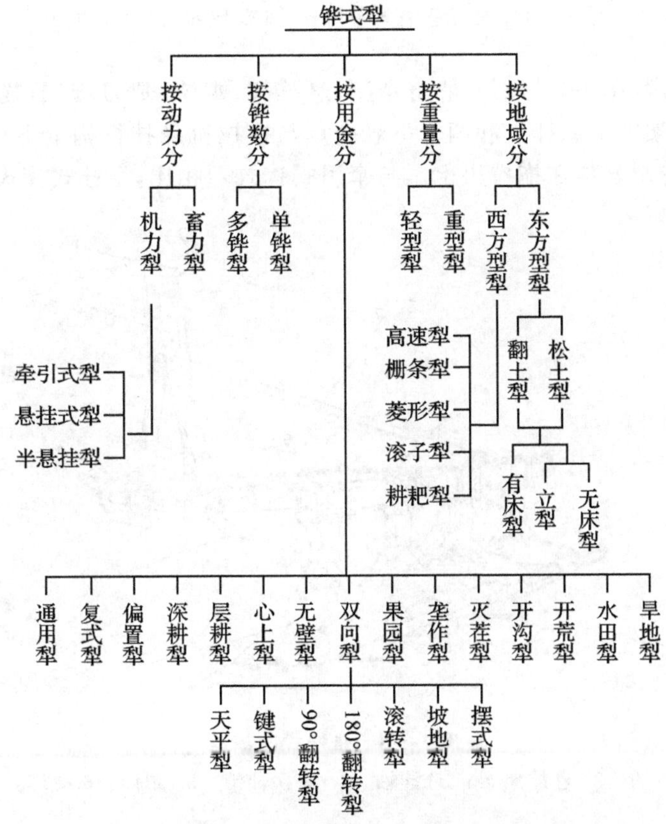

图 1-1-3　铧式犁的分类体系

这里重点分析铧式犁中目前最具典型结构的、按动力分类的牵引犁、悬挂犁、半悬挂犁及按用途分类的双向犁。其他的犁型基本是大同小异。

1)牵引式铧式犁(图 1-1-4)　是机力犁中发展最早的一种型式。由牵引装置、犁架、犁轮、小前犁、圆犁刀、液压升降机构和调节机构等部件组成。犁和拖拉机通过牵引装置连接在一起,犁架由三个轮子支承,沟轮在前一行所开出的犁沟中行走,地轮行走在未耕地上,尾轮行走在最后犁体所开出的犁沟中。在运输状态下,机具的重量全部由机具本身来承担。牵引犁的特点是整机较笨重,机构复杂,作业效率较低。因此,2000 年后已基本被淘汰。

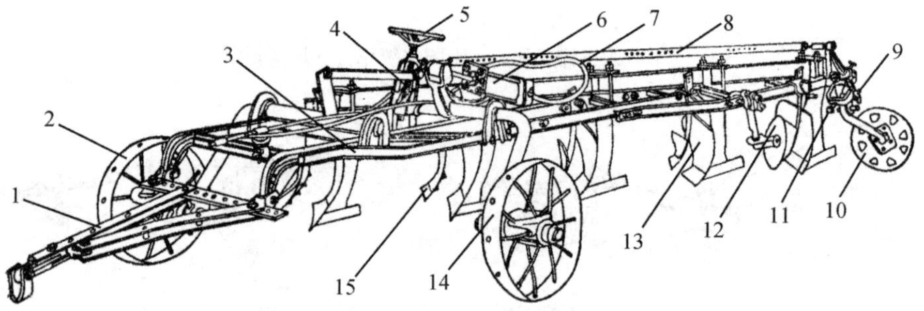

图 1-1-4　牵引式铧式犁

1. 牵引装置　2. 沟轮　3. 犁架　4. 水平调节螺杆　5. 调节手轮　6. 油缸　7. 油管　8. 柔性拉杆　9. 尾轮水平调节螺栓　10. 尾轮　11. 尾轮垂直调节螺栓　12. 圆犁刀　13. 主犁体　14. 地轮　15. 小前犁

2)悬挂式铧式犁(图 1-1-5)　一般由犁架、悬挂架、犁体、犁刀、调节装置和限深轮等部件组成。犁通过悬挂架的上悬挂点和两个下悬挂点与拖拉机悬挂机构上下拉杆相铰接,构成一个机组。运输时,将犁悬挂在拖拉机上。与牵引式铧式犁相比,悬挂式铧式犁有如下优点。

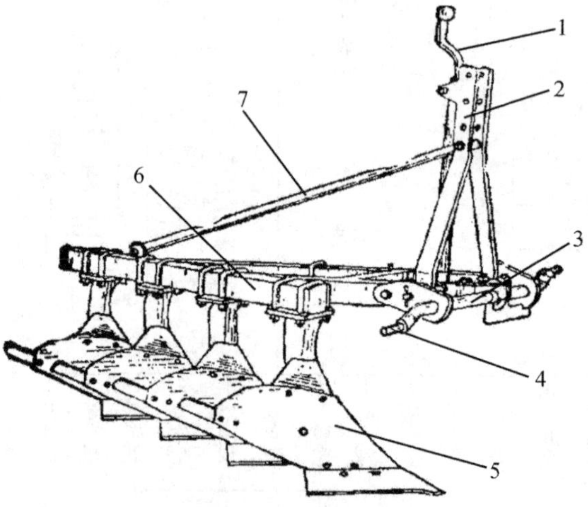

图 1-1-5　悬挂式四铧犁

1. 调节手柄　2. 悬挂架　3. 悬挂轴　4. 曲拐轴销　5. 犁体　6. 犁架　7. 撑杆

①大大减少犁的金属用量。悬挂犁的重量比同样耕幅的牵引犁轻 40%～50%。

②机动性强,提高生产率。机组转弯半径等于拖拉机的转弯半径,由于缩短了转弯时间,使生产率大为提高。

③对拖拉机驱动轮的增重较大,有利于拖拉机功率的充分发挥。

④由于取消了地轮、沟轮和尾轮及起落机构等容易磨损的部件，犁的使用寿命较长，且维护保养方便。

但这种犁也有缺点：悬挂犁在运输状态下，犁的重量全部由拖拉机承担。因此犁越重或重心越靠后，拖拉机的纵向稳定性和操向性越差。这样就限制了犁的结构长度不能过大，犁体数不能过多。

3)半悬挂铧式犁(图 1-1-6)　随着拖拉机功率的不断提高，要求犁的幅宽相应增大，即要求在犁上配置更多的犁体。由于受到拖拉机纵向稳定性和操向性的限制，悬挂犁的长度不可能过大，于是就出现了介于牵引犁和悬挂犁之间的半悬挂犁。半悬挂犁的前端通过悬挂架与拖拉机液压悬挂系统相连，犁的后端设有限深轮及尾轮机构。在运输状态下，半悬挂犁的重量前部分由拖拉机承担，后半部分由尾轮承担。由工作位置转换到运输位置时，犁的前端由液压提升器提起；当前端抬升一定高度后，通过液压油缸，使尾轮相对于犁架向下运动，于是犁架后部即被抬升。这样犁出土迅速，地头耕深一致。当到达运输状态后犁的后部重量由尾轮支承。尾轮通过操向杆件与拖拉机悬挂机构的固定臂连接，当机组转弯时，尾轮自动操向。其优点是：比牵引犁结构简单，重量减少 30%；机动性、牵引性能与跟踪性较好；比悬挂式可配置较多犁体；运输时，改善了机组的纵向稳定性。

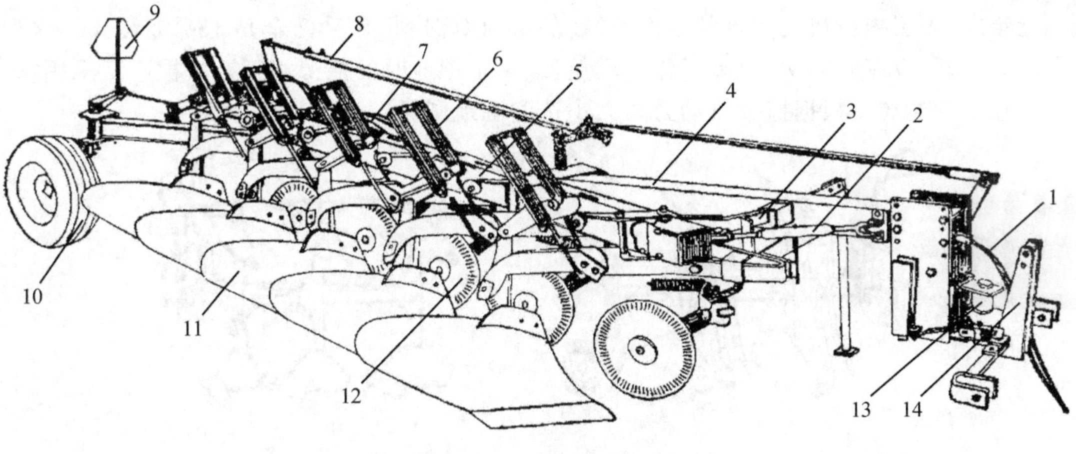

图 1-1-6　半悬挂五铧犁

1. 油管　2. 调节螺杆　3. 弧形板　4. 纵梁　5. 斜梁　6. 安全器　7. 限深轮　8. 尾轮操向杆　9. 公路运输标志　10. 尾轮　11. 犁体　12. 犁刀　13. 垂直转向轴　14. 挂头架

4)双向铧式犁　又叫双向犁，是指那种在耕地的来回两个行程中，去的行程若向右翻垡，则返回行程为向左翻垡的犁。用这种犁耕的地，垡片始终向地块的一边翻倒，地表不留沟垄。这种犁耕后地表平整，不必在地块中央或划小区开墒，空行程少。尽管双向犁的构造比较复杂，重量较大，且难以进行耕耙联合作业，但仍得到很大的发展。双向犁主架形式，犁铧少的采用悬挂式，犁铧多的采用半悬挂式来支撑犁体。

双向犁按基本类型分为两类：一类是用一个犁体兼顾左、右翻垡的兼用型；另一类是由左翻和右翻两种犁体交替使用的单用型。

兼用型双向犁又称水平旋转双向犁(图 1-1-7)，具有三部分换向机构。

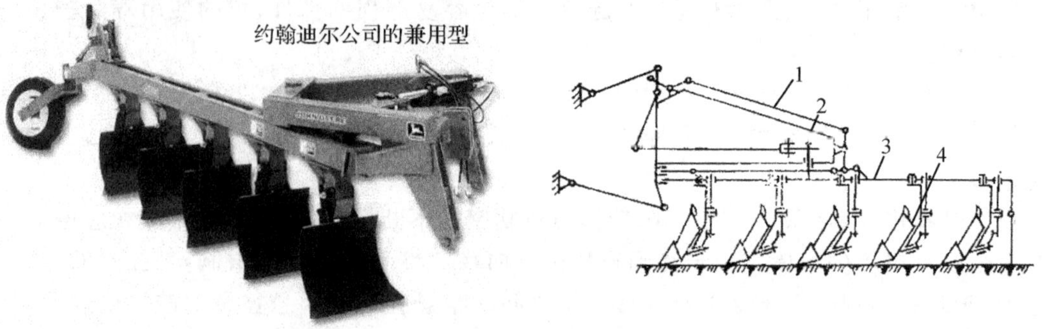

图 1-1-7 兼用型双向犁

1. 限位机构 2. 换向机构 3. 犁梁 4. 犁体

①犁梁换向，以适应前后犁体左、右梯队排列。

②犁柱相对犁梁换向，以与前进方向保持不变。

③犁体曲面换向，以满足左右翻垡要求。

专用型双向犁也称为翻转犁（图 1-1-8），有 90°翻转式和 180°翻转式。

近年来，由于拖拉机功率日益增大，现在的机引双向犁，几乎已全是 180°翻转式。这种双向犁适应性好，没有开闭垄，提高了作业质量，减少了耙地时的能源消耗。故被广泛采用。

翻地作业时还要根据拖拉机动力的大小选配翻地犁具。

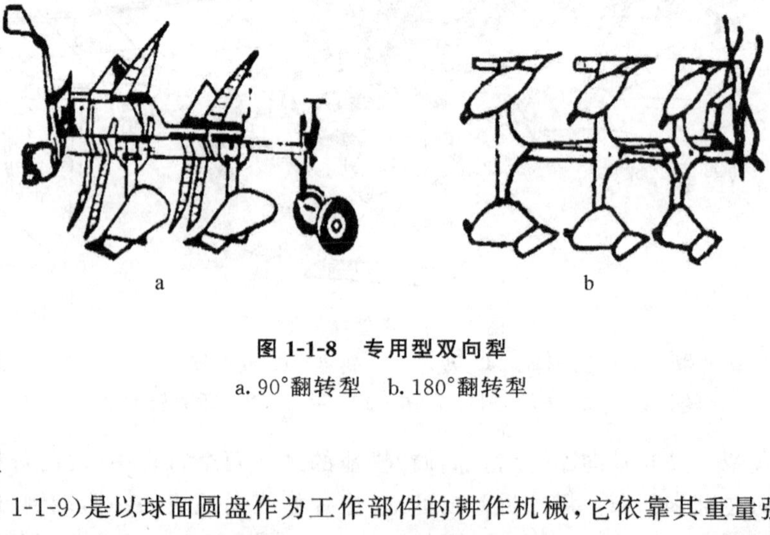

a　　　　b

图 1-1-8 专用型双向犁

a. 90°翻转犁 b. 180°翻转犁

（2）圆盘犁

圆盘犁（图 1-1-9）是以球面圆盘作为工作部件的耕作机械，它依靠其重量强制入土，入土性能比铧式犁差，土壤摩擦力小，切断杂草能力强，当圆盘犁被拖拉机牵引前进时，圆盘绕其中心轴转动，圆盘周边切开土壤，耕起的土垡沿转动的圆盘凹面上升并向侧后方翻转，耕后留有犁沟。可适用于开荒、黏重土壤作业，但翻垡及覆盖能力较弱，价格较高。随着机械制造水平和对性能需求的提高，圆盘犁除无动力的常规型（图 1-1-10）外，又发展出了主动旋转的驱动型圆盘犁（图 1-1-11）。

图 1-1-9　圆盘犁

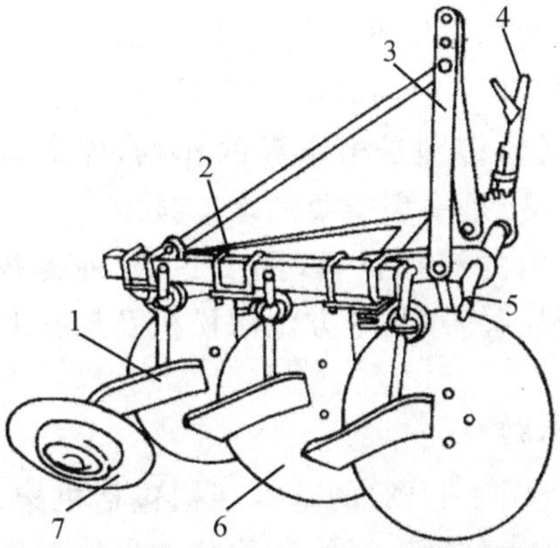

图 1-1-10　常规圆盘犁

1. 刮土器　2. 犁梁　3. 悬挂架　4. 调节柄　5. 控制杆　6. 圆盘　7. 限深轮

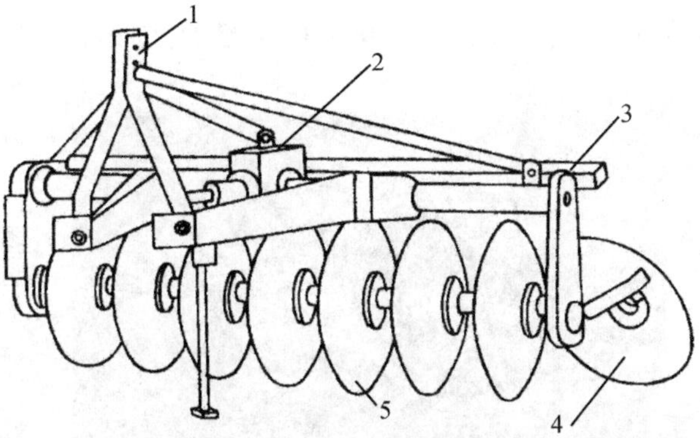

图 1-1-11　驱动圆盘犁

1. 悬挂架　2. 传动箱　3. 齿箱　4. 限深轮　5. 旋转圆盘

常规圆盘犁按圆盘安装方式可分为普通型和垂直型两大类型。普通圆盘犁和垂直圆盘犁的圆盘回转平面与前进方向之间都有一个 10°～30°偏角，起推移土壤和增强圆盘入土能力的作用。普通圆盘犁的回转平面不与地面垂直，而是略微倾斜，回转平面与地面铅垂线之间有一夹角称为倾角，一般为 30°～45°。具有倾角的普通圆盘犁，其偏角是由圆盘的水平直径与前进方向线所夹的锐角表示。能使圆盘易于切取土垡并使之升起后翻转。圆盘犁一般都在圆盘凹面的后上方安装刮土器，以防止土壤黏附。刮土器曲面还有协助翻垡的作用。

垂直圆盘犁的圆盘回转面垂直于地表面，只有偏角而无倾角。垂直圆盘犁的圆盘较小，一台犁上圆盘的数量较多(大型垂直圆盘犁的圆盘数可达 30～40 片)，主要用于浅耕和灭茬。也可配装种子箱和施肥箱，进行耕、播和施肥联合作业。

普通圆盘犁也有可以向左或向右翻转的双向圆盘犁。安装犁柱的犁梁相对于犁架可以左右水平摆动，以适应圆盘的换向。换向操纵机构有机械式或液压式。双向圆盘犁可使土垡始终向田块的一边翻转，耕后地表平整，不留沟埂。

驱动式圆盘犁于 20 世纪 80 年代在一些国家得到发展，由拖拉机动力输出轴驱动成组的圆盘，使之以大约 120 r/min 的速度旋转，翻垡和碎土效果较好，用于耕潮湿地、稻茬地时能较好地利用拖拉机功率。驱动式圆盘犁包括左臂壳体、左支臂、齿轮箱、传动齿轮、啮合套、操纵杆、链轮箱、圆盘轴和圆盘片，操纵杆安装在齿轮箱上，并与啮合套连接，还包括左箱体、主动轴、右箱体、从动轴、主动锥齿轮和被动锥齿轮，传动齿轮套装在主动轴上，啮合套套装在主动轴上，主动锥齿轮固定在主动轴的输出端，并与被动锥齿轮啮合，被动锥齿轮固定在从动轴的输入端，链轮箱内安装有主动链轮和从动链轮，主动链轮和从动链轮均为双链轮，主动链轮和从动链轮通过双链条连接，主动链轮与从动轴的输出端固定连接，从动链轮与圆盘轴固定连接。

根据上述各不同机械的结构和功能特点，再针对田间土壤湿度等情况进行选择最适合的翻地机械。

2. 深松机

所谓深松，指超过正常犁耕深度的松土作业，一般只松土，不翻土，深度可达 30～60 cm。其作用是保持土壤水分，防止表土流失，破坏坚硬的犁底层，增加土壤的透气透水性，改善作物根系的生长环境。在我国一些干旱地区、山区、牧草地都有应用。国内外的应用结果表明，深松对某些作物，特别是根系深的作物，能大幅度提高其产量，是一项重要的增产技术。

图 1-1-12 深松机

目前常用的深松机具（图 1-1-12）种类较多，有深松犁、层耕犁、全方位深松机及深松联合作业机等。

(1)深松犁

深松犁（图 1-1-13）的基本结构包括机架、深松铲体和限深轮等，深松铲体装在机架后横梁上。连接处装有安全销，以便遇到大的障碍时剪安全销，保护深松铲体。铲体分为宽体和窄体，窄体也叫铲柄，下部装有不同形式的深松齿，常见的铲齿有三种形式（图 1-1-14），分别为凿形铲齿、矛形铲齿和双翼铲齿，在土壤中利用挤压力破碎土壤，深松犁底层，没有翻垡能力。限深轮装于机架两侧，用以调整和控制松深度。有些小型深松犁没有限深轮，靠拖拉机的液压悬挂系统来控制深度。

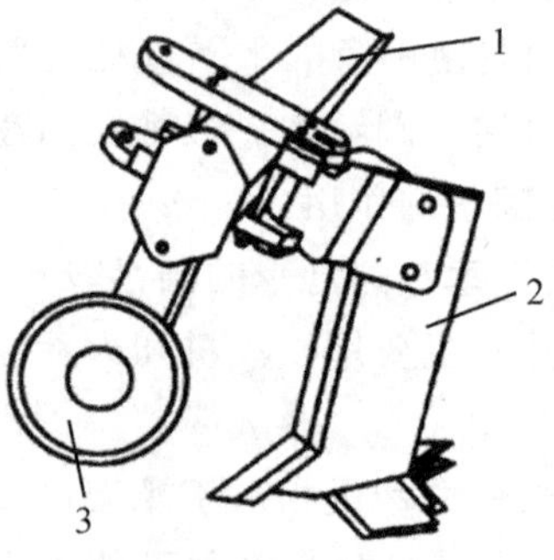

图 1-1-13 深松犁

1. 机架 2. 深松铲体 3. 限深轮

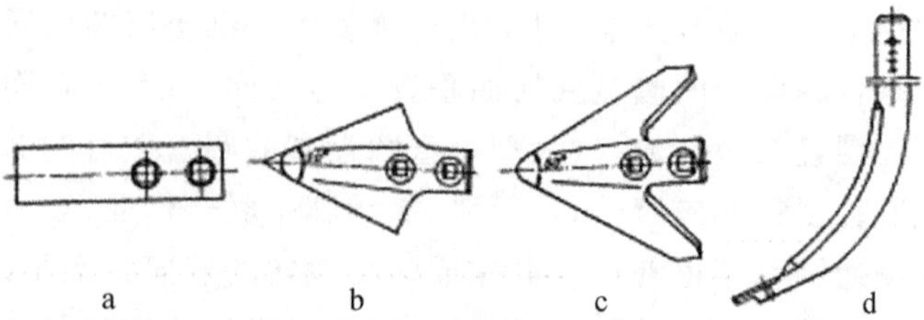

图 1-1-14 深松铲齿与铲柄形式

a. 凿形铲齿 b. 矛形铲齿 c. 双翼铲齿 d. 铲柄

(2) 层耕犁

层耕犁(图 1-1-15)是深松铲与铧式犁的一种组合。工作时,铧式犁体在正常耕深范围内翻土,而深松铲将下面的土层松动,达到上翻下松,不乱土层的深耕要求。还有一种层耕犁,上、下两层都是铧式犁,可以对土壤进行分层耕作,并使上下层土壤互相易位而不相混。其工作过程与带有小前犁的铧式犁类似,上层犁体先将上层土壤翻至前一趟已耕好的沟底,然后由下层犁体将下层土壤铲起,铺至上层。使用这种双层犁耕地,犁耕比阻比单层犁增加不多,而碎土程度优于单层犁,覆盖性能增强,又达到了深耕的目的。

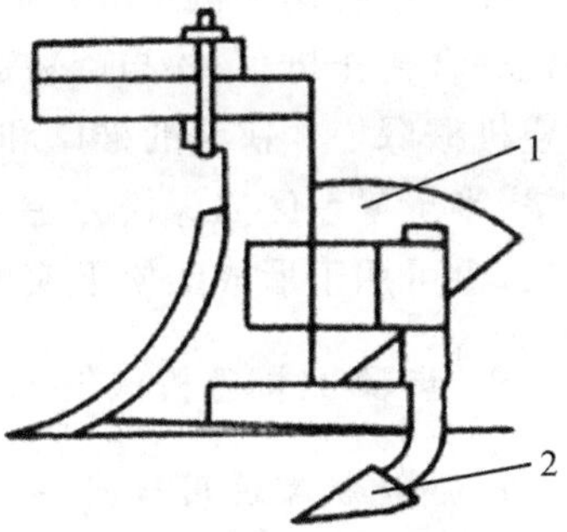

图 1-1-15　层耕犁

1. 铧式犁体　2. 松土铲

(3)全方位深松机

全方位深松机是一种全新的农田深松作业机具,它兼适用于旱田和水田。全方位深松机动土系数大,有很好的松土效果。常见的有三种:"V"形全方位深松机(图 1-1-16)、"L"形全方位深松机(图 1-1-17)和凿齿式全方位深松机。"V"形深松机的深松部件,从土层中切离出"V"形截面的垄条从梯形框架流出,而后下落铺放在田面,使土壤受剪切、弯曲、拉伸作用而得到高效的松碎。"L"形全方位深松机的工作部件形状呈"L"形,其工作原理与"V"形相似。凿齿式全方位深松机是对中小型全方位深松机的改进,它把全方位深松与传统的凿形犁耕作结合于一机,单程作业便能达到全面深松、松整联合的节能效果。凿齿式全方位深松机不仅能使 50 cm 深度内的土层得到高效的松碎,显著改善黏重土壤的透水性,而且能在底部形成鼠道,但其深松比阻却小于犁耕比阻。

图 1-1-16　"V"形全方位深松机(一)

图 1-1-17　"L"形全方位深松机(一)

(4)深松联合作业机

深松联合作业机是在深松的同时完成施肥、播种、中耕(起垄)、灭茬、喷洒农药或除草剂等两种以上作业的机具。各地根据当地的生产实际,在深松的基础上增加其他功能,研制出各种各样的深松联合作业机。这类机器有些一次进地就可达到播种前整地的要求,这样就可以降低劳动消耗、减少压地次数、节约时间、提高大功率拖拉机的利用率,从而降低作业成本。常见的机型有:深松施肥机、浅翻深松翻转犁、免耕播种施肥深松联合作业机、双轴灭茬旋耕起垄机、深松联合整地机、框架式深松旋耕联合作业机、深松整地联合作业机、垄下播种中耕机,还有深松、起垄、施肥联合作业机和旋耕、深松、起垄联合作业机等。

深松联合作业机一次作业能完成两种以上的作业项目。按联合作业的方式不同,可分为深松联合耕作机、深松与旋耕起垄联合作业机及多用组合犁等多种形式。深松联合耕作是为适应机械深松少耕法的推广和大功率轮式拖拉机发展的需要而设计的,主要适用于我国北方干旱、半干旱地区以深松为主、兼顾表上松碎松耙结合的联合作业,既可用于隔年深松破除犁底层,也可用于形成上松下实的熟地全面深松,还可用于草原牧草更新、荒地开垦等其他作业。

❖ 步骤 3:调整机械技术状态

1. 耕地机械使用与调整

(1)翻地作业机械调整

大豆生产的翻地作业包括秋季翻地和春季翻地。秋季翻地,尽量做到前作收获后立即灭茬、秸秆粉碎抛撒于田间(目前绝大部分收获机带有秸秆粉碎装置),施入有机肥后进行早秋耕(翻)、深秋耕(翻)。这样经过冬春冻融,有利于促进土壤熟化,改善土壤物理性状;有利于冻死虫蛹,减轻虫害;有利于积蓄雨雪,减少地表径流,提高蓄水保墒能力;有利于土肥相融,提高土壤肥力。早秋耕比晚秋耕增产,秋耕比春耕增产。秋深耕既可以接纳秋季雨水,秋雨春用,又可以使土壤经冬春冻融交替后耕层松紧度适宜,保墒效果好,有效肥力高。

翻地作业主要的机械就是犁,应用最广的是铧式犁,其次是圆盘犁。

铧式犁按架体结构分为三种:牵引犁、悬挂犁和半悬挂犁。图 1-1-18 为牵引式铧式犁的示意图,它通过牵引装置以一点挂接在拖拉机牵引板上,拖拉机对犁只有牵引作用。通过犁本身具有的行走轮和调节机构来支承犁并调节耕深和犁的水平。其特点是结构复杂,重量大,灵活性差,主要适用于大面积平原旱作地区,目前应用较少。

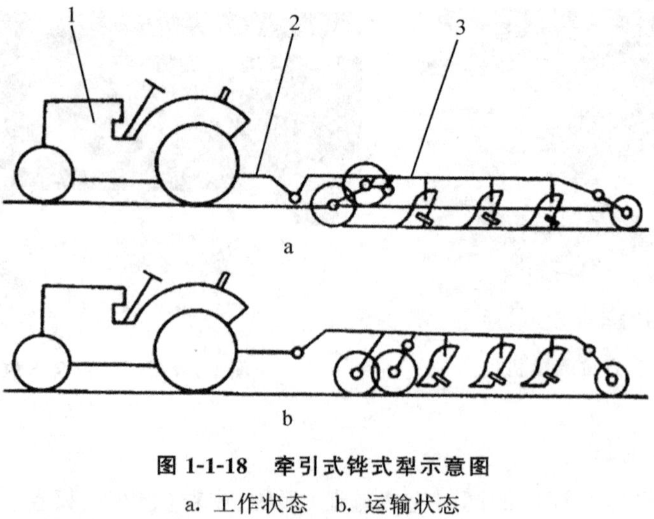

图 1-1-18　牵引式铧式犁示意图

a. 工作状态　b. 运输状态

1. 拖拉机　2. 牵引装置　3. 牵引犁

牵引式铧式犁主要由牵引装置、犁架、地轮、尾轮、圆犁刀、主犁体等组成。详见图 1-1-4。犁架 3 由三个轮子支承,沟轮 2 在前一行所开出的犁沟中行走,地轮 14 行走在未耕地上,尾轮 10 行走在最后犁体所开出的犁沟中。水平调节螺杆 4 用来调节地轮 14 相对犁架的高低位置,通过人工旋转调节手轮 5 进行调节,正常作业时需要一个人坐在铧式犁上调节耕深,劳动强度大，工作环境恶劣。后来随着液压机构的发展，此处调节已通过液压控制，不再需要人工了。

图 1-1-19 为悬挂式铧式犁的示意图，悬挂犁结构简单紧凑、重量轻、机动性强，应用最广。

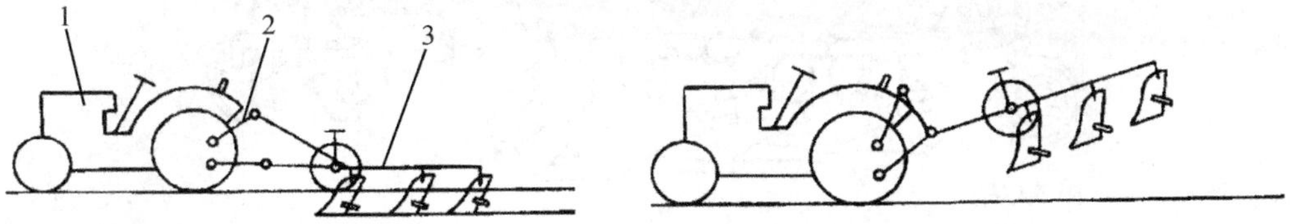

a　　　　b

图 1-1-19　悬挂式铧式犁示意图

a. 工作状态　b. 运输状态

1. 拖拉机　2. 牵引装置　3. 牵引犁

悬挂式铧式犁主要由犁架、悬挂支杆组、限深轮、犁刀和犁体等构成(图 1-1-20)。在工作中，耕层的深浅由驾驶者通过液压缸来控制，不再用限深轮来控制。

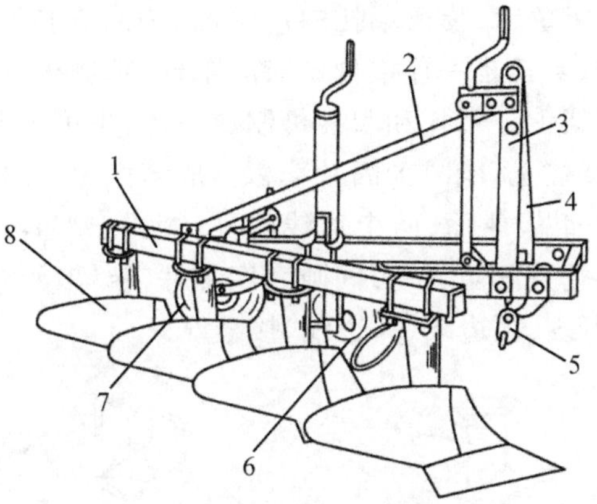

图 1-1-20　悬挂式铧式犁结构图

1. 犁架　2. 中央支杆　3. 右支杆　4. 左支杆　5. 悬挂轴　6. 限深轮　7. 犁刀　8. 主犁体

随着大型动力机车的发展，半悬挂式铧式犁的应用越来越广泛，半悬挂犁通过悬挂架与拖拉机液压悬挂机构相连，但悬挂架与犁架不是固定在一起，而是通过杆件铰接。提升时，犁的前端被提起，后端像牵引犁一样设有尾轮，通过液压油缸改变尾轮相对于犁架的高度。前后液压机构相配合来改变耕深和实现升降。在运输状态下，犁的后部重量由尾轮支撑。半悬挂犁比牵引犁结构简单，重量轻，机动性好，易转向；比悬挂犁能配置更多的犁体，稳定性、操向性较好，在大幅宽的犁上采用，是大功率拖拉机的配套产品(图 1-1-21、图 1-1-22)。

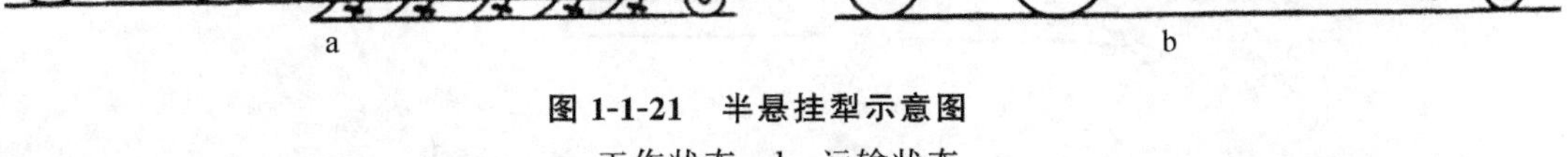

a　　　　b

图 1-1-21　半悬挂犁示意图

a. 工作状态　b. 运输状态

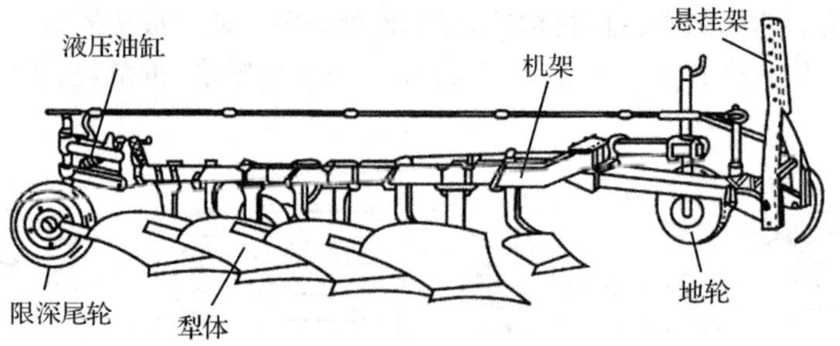

1-1-22 半悬挂犁结构图

铧式犁的主犁体结构如图 1-1-23 所示，主犁体主要由犁铧、犁壁、犁侧板、延长板、挡草板、犁托和犁柱组成。犁铧又称犁铲，主要起入土和切土作用，常见类型有凿形、梯形、三角形(图 1-1-24)；犁壁位于犁铧后上方，与犁铧共同构成犁体曲面，是犁体曲面的主要部分，前部称为犁胸，后部称为犁翼，胫刃在纵垂方向切开土垡，犁胸、犁翼起到切土、碎土和翻土作用，后部可加装延长板，用来保证耕深增大时的翻土性能，犁壁按结构形式可分为整体式、组合式和栅条式(图 1-1-25)；犁侧板又叫犁床，装在犁托的左侧面，用来支持犁体和平衡犁体工作时产生的侧压力，使犁稳定地工作；犁托是一连接件，犁铧、犁壁、犁侧板和犁柱都装在犁托上，组成犁体，通过犁柱上端固定在犁架上。犁托和犁柱可制成一体，也可分开制作；挡草板装在犁壁上，用来防止田间长杆草缠在犁柱上，能减少因杂草积少成多而造成阻力大、翻埋不彻底现象的发生。这里有一个口诀：一个犁体曲面、两个边线组件(犁铧、犁壁)、三支点和三间隙(铧尖、铧尾、犁侧板末端；水平间隙、垂直间隙、铲刃间隙)、四部件(犁铧、犁壁、犁柱犁托、犁侧板)、五条线(图 1-1-26)(铧刃线、胫刃线、顶边线、翼边线、接缝线)。

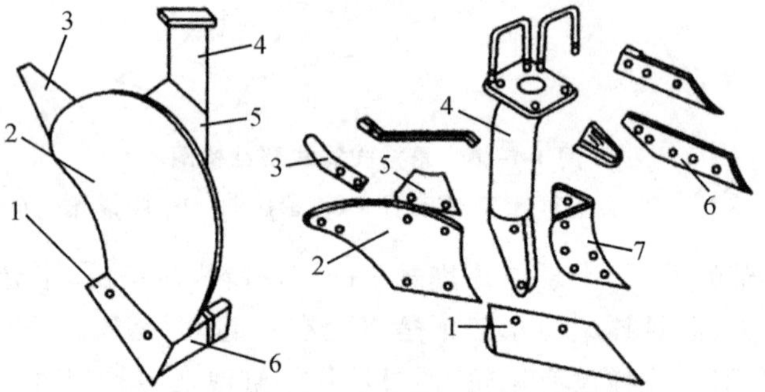

图 1-1-23 主犁体

1. 犁铧 2. 犁壁 3. 延长板 4. 犁柱 5. 挡草板 6. 犁侧板 7. 犁托

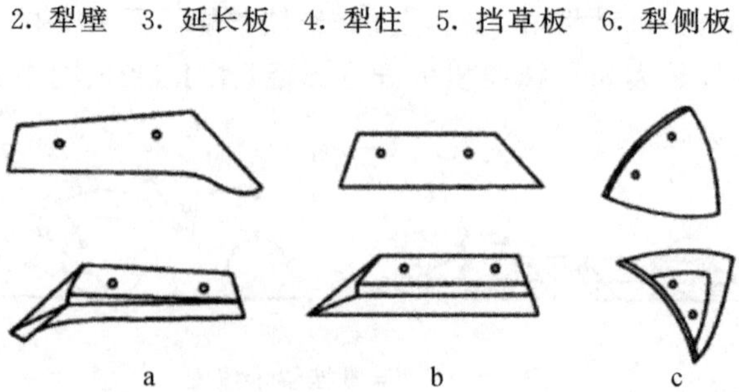

图 1-1-24 犁铧类型

a. 凿形铧 b. 梯形铧 c. 三角形铧

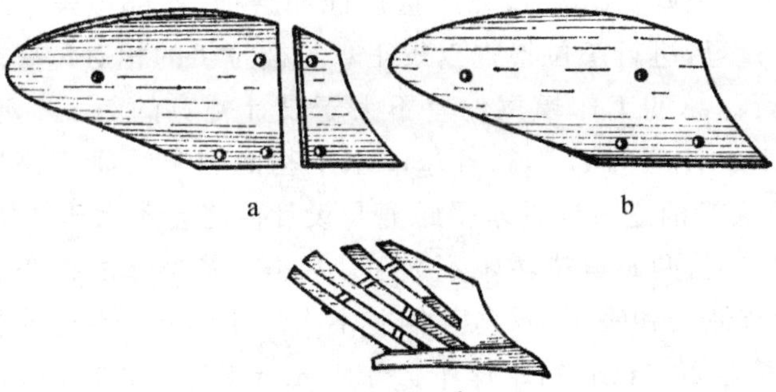

图 1-1-25　犁壁

a. 组合式　b. 整体式　c. 栅条式

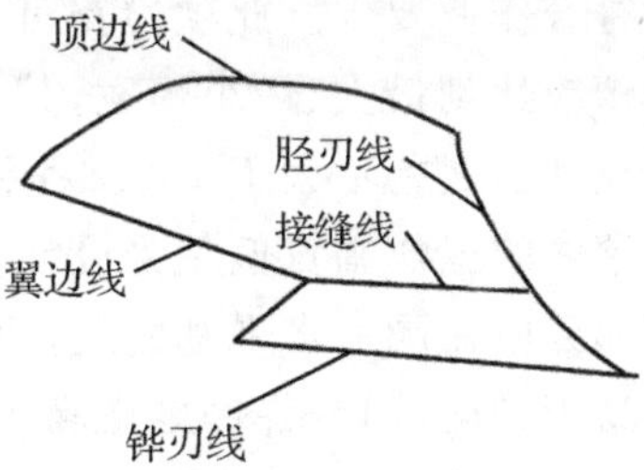

图 1-1-26　犁体五线图

犁刀安装在主犁体前，用来沿垂直方向切开土壤，以减少犁铧的磨损，并可形成较为整齐的沟壁，防止沟壁塌落，以利下次耕作。犁刀（图 1-1-27）有直犁刀（改良的蓄力犁和特种用途犁）和圆犁刀（普通机力犁），圆犁刀一般只装在多铧犁最后一个犁体前，以获得整齐的沟壁，同时可切断杂草残茬，改善覆盖质量。

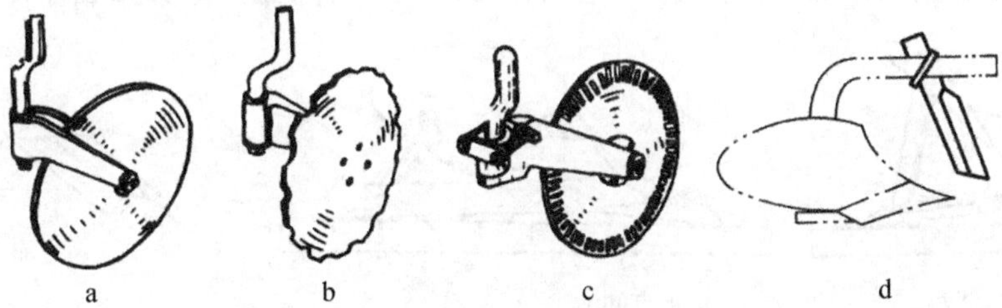

图 1-1-27　犁刀

a. 普通圆犁刀盘　b. 缺口刀盘　c. 波纹刀盘　d. 直犁刀

小前犁（图 1-1-28）位于主犁体左前方，其构造与主犁体相似，犁柱和犁托常作为一体，无犁侧板。固定在犁架上。其切下的垡片为矩形，耕宽为主犁体的 2/3，耕深约为主犁体的 1/2。工作时先耕起上层一部分土壤、残茬及杂草，并先于主垡翻转到沟底，以提高主犁体的覆盖质量。小前犁也叫覆茬器，还有另外几种形式，如切角式覆茬器、圆盘式覆茬器和弯板式覆茬器等。

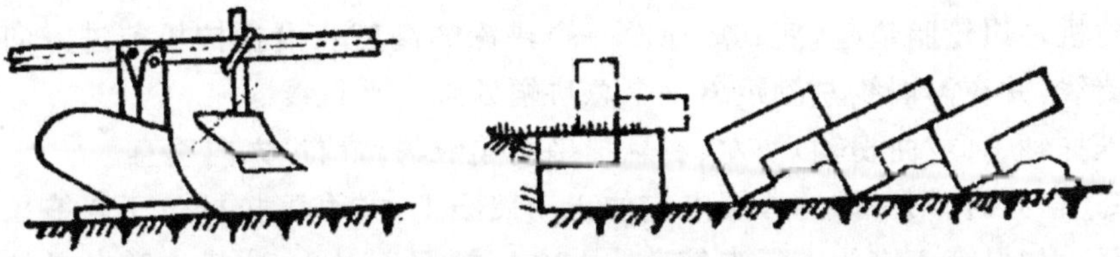

图 1-1-28　小前犁工作示意图

铧式犁在耕作之前要做基本的检查后才能更好地作业。一台铧式犁与拖拉机连接，构成一个犁耕机组，该犁与该拖拉机是否彼此匹配，首先应核算拖拉机牵引力与犁的总耕幅及耕深要求是否合适，检查外观整洁，零部件齐全、完好，无缺损，无严重锈蚀和磨损，各部位连接紧固，螺栓露出螺母1～3个螺距，垫片齐全；然后进行正位检查以校正犁与拖拉机的相对位置是否符合作业要求。此项检查可在室内进行。总的工作幅宽偏差不大于设计幅宽的2.5%，调幅犁应达到最大、最小幅宽，其偏差不大于设计值的2.5%，各犁体水平基面到犁梁底面高度与设计值之差不大于1%。各相邻犁体铧尖沿前进方向的水平距离与设计值之差不大于1%；各犁体的工作幅宽偏差为设计幅宽的±2.5%；两犁重耕耕幅不大于10 mm；各犁体的铧刃直线部分应在同一水平基面上，用拉绳法检查体尖和铧尾(翼)，其偏差不大于10 mm，不允许铧尖高于铧尾，但允许铧尾略高于铧尖；幅宽为200 mm的犁体不大于5 mm，250～300 mm的犁体不大于6 mm，350～400 mm的犁体不大于8 mm，450～500 mm的犁体不大于10 mm；犁铧刃口斜面宽度应在5～10 mm，刃口厚度不大于2 mm；犁铧与犁壁接合处的间隙不大于1 mm；犁壁表面不得高于犁铧，允许犁踵高出犁壁1.5 mm；组合式犁壁的前后犁壁接合处间隙不大于1.5 mm；后犁壁表面不得高于前犁壁，允许前犁壁高出后犁壁1.5 mm。需检测单个犁体水平间隙和垂直间隙；要求犁体垂直间隙为10～12 mm，水平间隙为5～10 mm。如图1-1-29所示。

调整各犁铧、小前犁等的位置。检查犁体间距(相邻两犁体相应点间的距离)，如图1-1-30所示。在犁铧体垂直切刃边(犁胫线)，犁壁不得凸出于犁铧，允许犁铧凸出于犁壁4 mm。

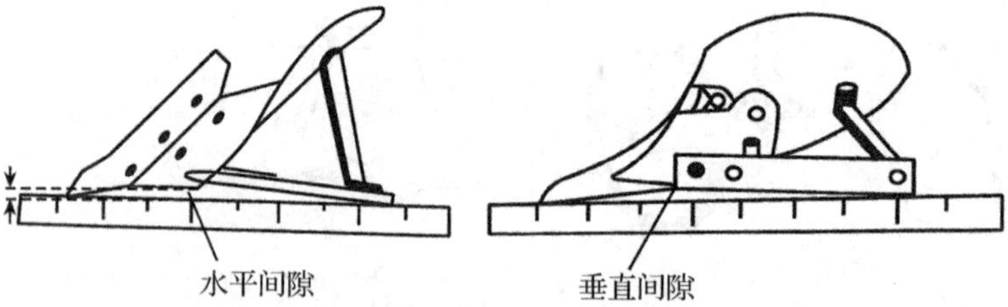

图1-1-29　犁体间隙

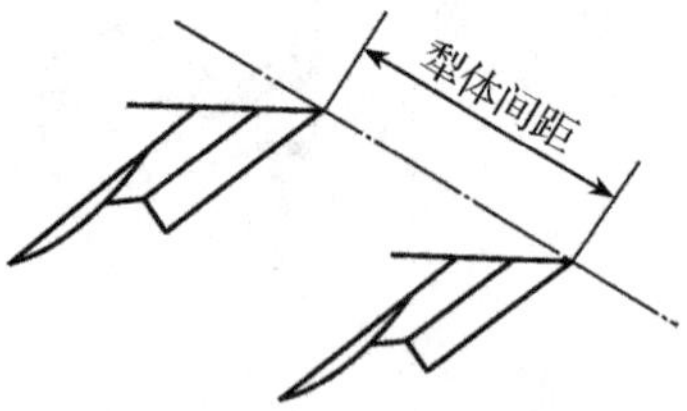

图1-1-30　犁体间距

犁体、犁壁与犁托或犁柱应紧密贴合，允许局部间隙：犁体与犁托(柱)不大于2 mm，犁壁与犁托(柱)不大于4 mm(幅宽200 mm者不大于2 mm)；但螺栓连接处的间隙必须消除。犁侧板与犁托(柱)应紧密贴合，其局部间隙在水平及垂直接合处均不大于2 mm。沉头螺栓应拧紧，并有防松措施；螺栓头部不得凸出于犁体工作表面，允许下凹1 mm。犁体垂直间隙为10～12 mm，水平间隙为5～10 mm。以悬挂犁为例，对悬挂式犁的检查方法和步骤如下。

①在平地上将犁与拖拉机连接并悬挂起来(挂接时，右边的悬挂销应低于左边)。

②将拖拉机左边轮胎垫起，使其离地面一个耕深的高度。沿拖拉机前进方向线在右轮胎内侧画出沟墙线，并在沟墙线左侧距离一个总耕幅处画一平行线。

③调整悬挂轴销(或曲拐轴)使左、右悬挂销的连线与犁前进方向垂直。

④将犁降下，此时，第一铧的铧翼点应位于沟墙线上，左右下拉杆位于与拖拉机纵向中心线对称的位置。如果第一铧的铧翼点偏离或左右下拉杆不对称，应横向移动悬挂轴销使第一铧的铧翼点与左右下拉杆同时到位。

⑤机组上述各部件的位置确定后，还应检查：A. 各犁体的侧板末端应向未耕地一侧偏过胫刃线下部0.5～1 cm，这是为了压缩沟墙土壤以获得侧向支反力；B. 如若犁的阻力中心，偏离拖拉机纵向中心轴线太远，则应首先调整轮距，然后再进行正位调整。但应注意，轮距不宜

太窄，否则拖拉机倾斜太厉害。

⑥偏牵引调整。对于犁的总耕幅较小而拖拉机的轮距又不能很窄的机组，则因犁的阻力中心不能靠近拖拉机的中心线，须进行偏牵引调整。国外对于右轮在犁沟内的普通（非双向犁）犁耕机组，在田间作业时常将位于沟内的右轮胎的气压增大而将位于未耕地上的左轮胎的气压减小。这样，可以减少拖拉机的倾斜度并增加左轮胎附着力，以提高牵引性能。

偏牵引机组由于牵引线偏斜，犁的侧向力有所增加，但可以通过犁的正位调整使侧板的承压能力增大，故犁仍可保持幅宽一致，工作稳定。

⑦入土角调整。调整悬挂机构上的拉杆使犁具有合适的入土角。即当后铧开始入土时，入土角应接近于8°，犁的正位调节装置应有足够大的范围。通过正位调节使梁架后部向未耕地偏摆的量不小于7°，向已耕地偏摆不小于3°。

下面是田间作业时对铧式犁的调整。

①耕深调整。从理论上讲，犁的耕深是可以通过牵引线按力学平衡原理来调整的。改变牵引线可以改变犁的入土角，从而使耕深改变。但在实际作业时常常由于地表不平，或土质不匀，致使力的平衡很不稳定，故多采用限深轮来控制耕深。将限深轮的位置提高或降低改变轮子下缘到犁底支承面的垂直距离，即可改变耕深。必要时，可以调节上拉杆的长度，改变入土角也可使深度改变。对于具有液压“力调节系统”的悬挂机组，其耕深由液压系统自动控制。土壤阻力大时耕深自动变浅；阻力小时，耕深自动增大。操纵该液压系统也可控制耕深变化范围。

②正位调整。一台犁耕机组，即使在室内做配套检查，各处均符合要求，但在作业时，也常常出现第一铧不到位、犁架歪斜、两个下拉杆位置偏移等情况。这主要是由于侧向力未能很好地平衡而引起的。调整方法是：如果第一铧耕幅太大，则缩短正位调节器（或转动曲拐横轴），使梁架后部向未耕地偏斜以增大犁侧板上的土壤反力。这样，当犁继续前进时，犁就向已耕地偏移，第一铧即可到位。一台配套良好的犁，当第一铧到位后，梁架和下拉杆都必然处于正常位置。对于牵引式犁的调整，在第一铧幅宽偏大或梁架后部向已耕地歪斜时，则将犁的牵引杆向未耕地一侧移动。无论悬挂式犁或牵引式犁，如果调节量达到最大时，第一铧仍不能到位则须增加犁侧板的偏角。如果第一铧幅宽太小则调整的方法与此相反。

③横向水平调整。作业时拖拉机呈倾斜状态而犁在不同耕深时，均应在横的方向保持水平，故须进行横向调整。方法是将拖拉机悬挂机构的吊杆缩短或放长，使梁架一侧随之升降，达到水平状态。这样位于左右两边的犁体就能保持耕深一致。

④纵向水平调整。悬挂犁在室内调好入土角以后，当犁在田间作业时，由于土壤阻力的作用犁架前后不水平，以致前后犁体耕深不一致。这时还应进行调整。方法是：前深后浅时，可将上拉杆适当伸长；前铧入土浅时，则将上拉杆缩短，或将上拉杆与犁悬挂立柱的连接孔提高一个孔位，或将犁的耕深再调深一点，如仍无效，则应检查犁体安装是否正确，犁铧是否磨损太多。

牵引式犁的横向调整是利用犁上专设的横向水平调节机械。纵向水平调整则是通过调整尾轮的高低来实现。对于半悬挂犁则还须调整下拉杆的高低位置，相互配合以达到纵向水平，使前后犁体耕深一致。

(2)圆盘犁的结构和工作原理

前述已知，圆盘犁在与动力机挂接方式上分为牵引式、悬挂式和半悬挂式，其主体结构和调整方式与铧式犁相近，只是主犁体的结构大不相同。圆盘犁的圆盘通常为空心球面的一部分，其边缘磨出刃口以利切草和入土，圆盘单独支承在犁柱的轴承上，圆盘面分别与前进方向和铅垂方向成一角度，称为偏角 α 和倾角 β。工作时机组前进，圆盘滚动切入土壤，土垡沿圆盘凹面上升同时靠刮土板的配合，使土垡翻转和破碎。圆盘犁适用于黏重、干硬、多石、多根的土壤；不需经常磨刃和更换、维修费用低、不形成坚实的沟底。虽覆盖残茬不够完全，但对于防止干旱地的水分流失和盐碱地的返盐有利。

圆盘犁按圆盘安装方式又可分为普通型和垂直型两大类。普通圆盘犁和垂直圆盘犁的圆盘回转平面与前进方向之间的偏角 $\alpha=10°\sim30°$，起推移土壤和增强圆盘入土能力的作用。普通圆盘犁的回转平面不与地面垂直，而是略微倾斜，回转平面与地面铅垂线之间的倾角 $\beta=30°\sim45°$。偏角和倾角能使圆盘易于切取土垡并使之升起后翻转。圆盘犁一般都在圆盘凹面的后上方安装刮土器，以防止土壤黏附。刮土器曲面还有协助翻垡的作用。垂直圆盘犁的圆盘回转面垂直于地表面，只有偏角而无倾角。垂直圆盘犁的圆盘较小，一台犁上圆盘的数量较多(大型垂直圆盘犁的圆盘数可达 30～40 片)，主要用于浅耕和灭茬。也可配装种子箱和施肥箱，进行耕、播和施肥联合作业。

圆盘犁也有可以向左或向右翻转的双向圆盘犁。安装犁柱的犁梁相对于犁架可以左右水平摆动，以适应圆盘的换向。换向操纵机构有机械式或液压式。双向圆盘犁可使土垡始终向田块的一边翻转，耕后地表平整，不留沟埂。

近年来，日本、韩国有利用拖拉机动力输出驱动圆盘工作部件旋转的驱动圆盘犁产品，圆盘工作部件安置在同一水平轴上，与前进方向呈一定偏角，以大约 120 r/min 的速度旋转，翻垡和碎土效果较好，用于耕潮湿地、稻茬地时能较好地利用拖拉机功率。圆盘组有单排斜置和双排对置两种结构形式。目前这种驱动圆盘犁在我国也有广泛使用。

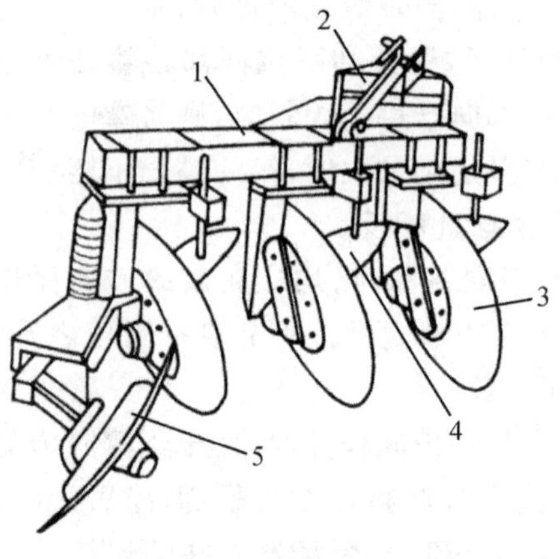

图 1-1-31　圆盘犁后视图

1. 犁架　2. 悬挂架　3. 圆盘犁体
4. 小犁铧　5. 尾轮

图 1-1-31 为圆盘犁后视图，从图中可以看出，常规的圆盘犁犁体主结构与铧式犁单体主结构相似，也是在犁柱上安装工作部件，工作部件为圆盘，装配在犁柱下方可旋转的犁轴上，在工作时，圆盘切入土壤，在土壤阻力的影响下，圆盘被动旋转，完成翻土作业。常规圆盘犁主犁体的单体主结构通过"U"形卡单独装配在犁梁上，圆盘间距可以调整。近年来所用的圆盘犁，其倾角和偏角均设计有可调整结构。还有的把犁梁设计成可以摆动的结构，变成了双向圆盘犁。

2. 深松作业机械结构及作用

农机深松作业(图 1-1-32)是通过拖拉机牵引深松机或带有深松部件的联合机等机具，进行行间或全方位深层土壤耕作的机械化技术，能够有效增强土壤蓄水保墒和抗旱防涝能力，提高农作物产量。深松作业是在不翻土、不打乱原有土层结构的情况下，打破坚硬的犁底层，加厚松土层，改善土壤耕层结构，从而增强土壤蓄水保墒和抗旱防涝能力，能有效增强粮食基础生产能力，促进农作物增产、农民增收。

机械深松作业能有效地提高土壤的透水、透气性能，深松后的土壤体积密度为 12～13 g/cm^3，

图 1-1-32　深松作业

恰好适宜作物生长发育，有利于作物根系深扎。机械深松深度可达 35～50 cm，这是用其他耕作方法所根本达不到的深度。深松作业还可极大地提高土壤蓄积雨水和雪水能力，在干旱季节又能自心土层提墒，提高耕作层的蓄水量。一般来讲，深松作业地块较未深松地块可多蓄水 11～22 m^3/亩，且土壤渗水速率提高 5～10 倍，可在 1 小时内接纳 300～600 mm 的降水而不形成径流。正是由于大量降水存入地下，大大地降低了土壤水分的蒸发散失和流淌损失，为农作物生长提供了丰富的天然降水资源。机械深松可使雨水和雪水下渗，并保存在 0～150 cm 土层中，形成巨大土壤水库，使伏雨、冬雪春用、旱用，确保播种墒情。一般来说，深松比不深松的地块在 0～100 cm 土层中可多蓄 35～52 mm 的水分，0～20 cm 土壤含水量比传统耕作条件增加 2.34%～7.18%，可有效实现天旱地不旱，一次播种拿全苗。机械深松能有效地排涝、排除盐碱，半干旱盐碱地块特别适宜。深松作业只松土、不翻土，因此特别适于黑土层浅，不宜翻地作业的地块。机械深松作用与其他作业相比较，其阻力小，工作效率高，作业成本低。深松机由于其独特的工作部件结构特性，使其工作阻力显著小于铧式犁耕翻，降低幅度达 1/3。由此带来工作效率更高，作业成本降低。据测算，一般地块亩耗油仅达 0.7～0.8 L，作业成本 6～8 元/亩，工作效率因机型不同每天可达 20～30 hm^2。深松不翻动土壤，可以保持地表的植被覆盖，防止土壤的风蚀与水土流失，有利于生态环境的保护，减少因翻地使土壤裸露造成的扬沙和浮尘天气，减少环境污染。机械化深松适应各种土质，对中低产田作业效果更为明显。中国农机院在中低产田试验数据表明，机械化深松的增产效果(与未深松的对照田比较)如下：大豆平均增产 80 kg/亩，增产率约 20%；深松可使灌溉水的利用率至少提高 30%。

机械化深松按作业性质可分为局部深松和全方位深松两种。全方位深松["V"形全方位深松机(图 1-1-33)和"L"形全方位深松机(图 1-1-34)]是用深松犁全面松土，这种方式适用于配合农田基本建设，改造耕层浅的土壤。局部深松则是用杆齿.凿形铲或铧进行松土与不松土相间隔的局部松土。由于间隔深松创造了虚实并存的耕层结构，实践证明，间隔深松优于全面深松，应用较广。

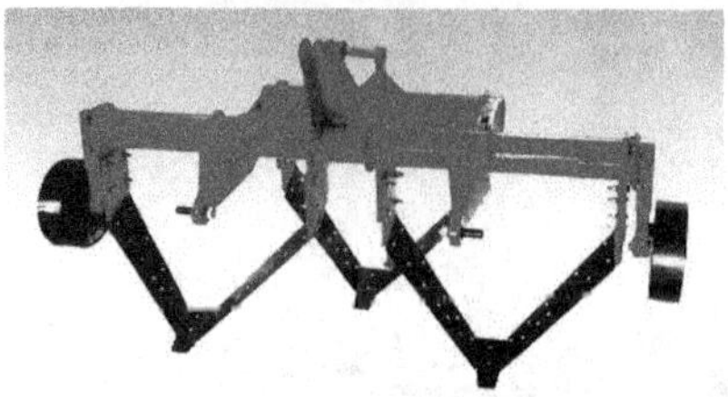

图 1-1-33 "V"形全方位深松机(二)

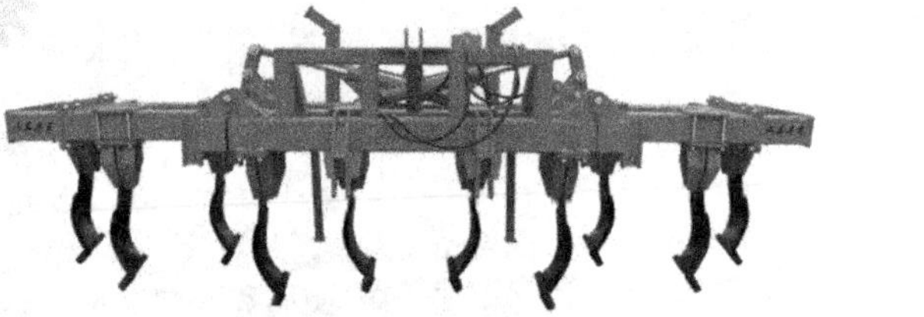

图 1-1-34 "L"形全方位深松机(二)

图 1-1-35 凿式深松机

小知识 深松机型号的含义

1SZL-200,1-代表耕整地机械,
S-代表深松功能,Z-代表深松形式为震动,
L-代表联合作业形式,200-代表耕作幅宽。
1SQ-250,Q-代表全方位。
1S-7,7-代表深松铲数目。

深松机按作业机具结构原理可分为凿式深松机(图 1-1-35)、鹅掌式深松机(图 1-1-36)、翼铲式深松机(图 1-1-37)、振动深松机等。不同深松机具因结构特点不一,作业性能也有一定差异,适用土壤及耕地类型也有一定的变化。一般来讲,以松土、打破犁底层作业为目的的常采用全面深松法,以打破犁底层、蓄水为主要目的的常采用局部深松法。有些种类的机具兼有局部深松和全面深松的特点,如全方位深松机、振动深松机等。

深松作业的时间依深松方式的不同而不同,全面深松必须在秋后进行,局部深松可以秋后或播前秸秆处理后进行灭茬,再进行深松作业。大豆作物夏季深松作业,应在苗期尽早进行,不应晚于 5 叶期。但为了保证密植作物株深均匀,应在深松后进行耙地等表土作业,或采用带翼深松进行下层间隔深松,表层全面深松。深松的土壤适耕条件应是土壤含水量在 15%~22%。大豆的深松苗期作业深度为 23~30 cm;秋季作业深度为 30~40 cm。盐碱地改良排涝作业深度为 35~50 cm。深松作业深度要一致,不得漏松,夏季深松时应同时施入底肥。

图 1-1-36 鹅掌式深松机

图 1-1-37 翼铲式深松机

深松机是通过悬挂构件与大马力拖拉机连接,通过拖拉机牵引无需动力传输而实现深松作业。作业前要检查机器各部件是否完好无损,检查各连接部件的螺栓是否坚固,各转动部分转动是否灵活,拖拉机升降机构是否正常,必要时进行维修调整。深松机作业前要进行左右、前后水平调整。将深松机与拖拉机挂接后,在水平地面上将拖拉机升降机构降下,看左右深松

铲是否同时着地，通过调整左右两个拉杆长度来调整深松机左右水平，保证各铲入土深度一致；前后水平的调整，一般松土深度在25～35 cm时，通过调整中间拉杆长度来调整前后水平，保证前后铲入土深度一致。检查深松机行距是否达到要求，可以通过调整深松铲臂固定位置来完成。深松机作业前调整完后，要进行深松土试作业，首先确定深松土深度，拖拉机进行试深松，深松一定距离后检查是否达到规定深度，同时检查作业质量，达到要求时锁定拖拉机悬挂系统深度调节杆，再进行大面积深松作业。如达不到要求，调整拖拉机上拉杆长度，支承轮臂达到作业深度，前后水平，保证土地深松后表土平整，无明显沟埂和较大土块。

❖ **步骤4**：确定作业路线、正式作业

翻地机械的调整要按照农艺要求，深度应根据土质、土层厚度、茬口和翻地时间确定，一般应为20～22 cm。要求深翻的地块耕深应达到25 cm以上。耕深要一致，耕深误差不超过2 cm。

翻地作业要求耕幅一致，不重耕不漏耕。耕幅误差不超过10 cm。翻后地表应平整。土垡要完全翻转，立垡率和回垡率不得超过3%。地面上的杂草、残株和肥料等要覆盖严密。翻地作业后要进行整地，就是播种以前对土壤的表层进行耙、耕、镇压的作业。

1. 耕(翻)地机械化作业技术要求

机械耕地作业的目的是疏松土壤，打破犁底层，贮存水分，把地表的残株杂草，有机和无机肥料翻入底层，恢复和提高土壤肥力，消灭病虫害。因此，耕地作业不但要使耕深达到标准和均匀一致，并翻垡良好，覆盖严密，土壤松碎，耕向笔直，而且要做到地面平坦，地头整齐，达到不回垡、不立垡、不跑茬、不露胡子、不漏耕、不重耕、不丢边、不剩角、不拉格和耕向、耕深、地头、堑沟“四交替”，达到农机耕地作业标准及作物农艺技术要求，为大豆的生长打好基础。

2. 耕(翻)地作业中出现的问题及犁铧的调整维修

(1)耕(翻)地作业中出现的问题

1)耕深不够　耕深主要是指犁地的深浅。犁地深，耕作层就厚，大豆才能根深叶茂；如果耕深不够，在整个地块耕深作业达不到规定的标准，大豆扎根就浅，根系生活领域范围就小，影响大豆生长，特别是在旱季，由于根浅叶萎而影响生长。

解决方法：检查犁梁是否扭曲，主梁相互平行，相邻两主梁间要在3 m长度的范围内，横梁间距偏差不得超过7 mm，犁轴不应有弯曲现象，犁架工作时前后必须保持水平，各犁铲必须调整在同一平面上，如发现犁铲刃口秃钝，必须磨锐或更换，使犁铲刃口厚度保持在1 mm左右。

2)耕深不均　主要指在一块耕地内，每次犁耕行程和犁的各铧耕翻深度不一致，有深有浅，使大豆根系生长不一致，茎杆生长强弱不同，易倒伏，影响大豆产量。解决方法如下。

①检查调整各犁铧铲尖是否在同一水平线上，其偏差不得超过5 mm，机耕作业时，左右犁梁与地面要保持平行，使前后犁铧耕深一致。

②正确进行犁牵引拉杆的垂直调整，使拖拉机的牵引点通过犁的水平拉杆到犁的抵抗中心，达到三点成一直线。

③作业中发现前铧深后铧浅时，可将犁的横拉杆向下移，如前铧浅后铧深时，可将横拉杆向上移(悬挂架无法调整的情况下)。

3)杂草覆盖不严　在犁耕过的土地上，相邻土垡之间衔接不严，地表杂草未被完全覆盖，从各土垡的空隙间露出，俗称“露胡子”。这不仅增加整地困难，且易跑墒，助长杂草丛生，影响

土壤有机肥的提高。解决方法如下。

①确保犁铧良好的技术状态，犁铲与犁壁衔接要严密，其缝隙不得大于 1 mm，工作面应平滑，沉头螺钉应与工作表面平齐，凸出、下凹不得大于 1 mm。

②正确安装小铧和犁刀，确保大铧与小铧尖的水平距离要符合技术要求，一般大铧铲尖距小铧铲尖为 30～35 cm，下铧耕深是大铧耕深的一半，犁刀轴心线垂直对准下铧铲尖，如在杂草较多的情况下，可向前移 4～5 cm，犁刀位于大小铧左侧各为 1.5～2 mm 和 1～1.5 mm，犁刀下边缘切土深度比小铧铲尖入土深度多 2～3 cm。

4)出现立垡、回垡　立垡和回垡是表示犁铧在耕地时的翻土性能，开垦生荒地或土壤板结地时，犁铧将土垡切开，扛起之后，未完全翻转或已翻转又被弹回的土垡呈 90°±10°转角，直立于前铧的犁沟中，当土垡翻转角小于 80°时称为回垡，将翻转的土垡又重新回到原处，基本上等于未翻，造成耕地作业质量不符合作业标准。

解决方法：确保最大犁耕深度在技术规定范围内，调整好拖拉机对犁牵引线技术数据符合犁地技术要求，如果是开垦生荒地，可以在犁壁尾部安装延长板，强化扣垡能力。

5)耕幅不准　在机耕作业中，犁铧的实际耕幅大于或小于犁铧设计的标准耕幅，即机耕幅度过宽或过窄。耕幅过窄，耕后的地面不平，效率低。耕幅过宽容易产生漏耕，扣垡不严，影响整地作业质量。

解决方法：检查调整犁铧确保良好的技术状态。在作业中，当发现前铧偏向未耕地，使耕幅增大时，可调整犁的牵引水平线，防止偏牵引现象，确保耕幅稳定。

6)机耕地表面不平　在耕完的整个地块上，地表面出现高低不平，将影响整地质量和播种质量，要想弥补耕面不平坦的缺陷，势必增加整地作业遍数，增加作业成本。

解决方法：保证犁铧的技术状态良好，正确进行犁铧的调整，确保前后犁铧入土深浅一致。

7)犁底层的原因　主要由于连年同层机耕所致，就是在机耕层下部的土壤中多年结成的坚硬的土层，它使土壤的透气性变差，旱不保墒，涝不渗浆，使农作物根系扎不进去，直接影响土壤效能的发挥，使大豆生长不利。

解决方法：在犁耕作业前，深入田间，挖开土壤剖面进行调查，确定正确的犁耕深度，打破多年形成的犁底层，做到有计划地进行耕深交替。

大豆生产中的翻地作业要注意“七度”，即早度、深度、平度、齐度、碎度、净度和匀度。早度：是指在适时的农时和墒情条件下，按时开展耕翻作业，墒情适宜(土壤含水率 18%～22%)情况下秋翻地也是越早越好；深度：耕翻深度≥30 cm，耕深一致，误差±1.5 cm；平度：翻地时翻垡不立垡，不回垡，立垡与回垡率<5%；平度：耕翻后地表平整细碎，上平下也平，垂直耕幅 10 m 长度范围内地表平整度≤10 cm；齐度：地头横耕整齐，结合严密，不出现三角抹斜；碎度：耕翻作业的合墒效果要良好，地表没有大块；净度：残株杂草掩埋干净，覆盖率>90%，覆盖严密，无拖堆现象；匀度：耕幅一致，实际幅宽与设计幅宽误差±4 cm，往复结合严密，误差±4 cm，不漏耕，不重耕，重耕率≤2%。

(2)深松作业的要求及调整

1)深松作业注意事项

①机具前进速度的选择原则是达到深松碎土要求，沟底平整，既能保证深松碎土整地质量，又要充分发挥拖拉机的额定马力，一般情况下拖拉机的前进速度为 6～10 km/h；深松机起步时，应将机具提升离地 15～20 cm，将发动机空转 1～2 min，然后挂上工作挡位，缓慢放松离

合器踏板，同时操作拖拉机液压升降位调节手柄，使机具逐步入土，随之加大油门至正常耕深。

②作业时及时清理铲体上粘的土及缠绕的杂草，把深松铲提升至地面方可进行。为了保证安全，必须将拖拉机熄火。

③深松土地拖拉机在作业时，必须将深松机升起方可转弯，严禁不提升机具进行转弯调头。

④每班作业后要清除外边的泥土和杂草，紧固各部件螺丝，向各转动部位加注润滑油；每季作业结束后在各工作部位涂上废机油以防锈蚀，并更换磨损和损坏部件，存放在库棚内或用雨布盖好，防止日晒雨淋。

⑤设备必须有专人负责维护使用，熟悉机器的性能，了解机器的结构及各个操作点的调整方法和使用。

⑥深松作业中，要使深松间隔距离保持一致，作业应保持匀速直线行驶。

⑦作业时应保证不重松、不漏松、不拖堆。

⑧机器在作业过程中如出现异常响声，应及时停止作业，待查明原因解决后再继续作业。

⑨机器在工作时，如遇到坚硬和阻力激增时，应及时停止作业，排除状况后再作业。

⑩机器入土与出土时应缓慢进行，不可强行作业，以免损害机器。

⑪设备作业一段时间，应进行一次全面检查，发现故障及时修理。

2)深松机作业时的调整

①纵向调整　使用时，将深松机的悬挂装置与拖拉机的上下拉杆相连接，通过调整拖拉机的上拉杆(中央拉杆长度)和悬挂板孔位，使得深松机在入土时有3°～5°的入土倾角，到达预定耕深后应使深松机前后保持水平，保持松土深度一致。

②深度调整　大多数深松机使用限深轮来控制作业深度，极少部分小型深松机用拖拉机后悬挂系统控制深度。用限深轮调整机具作业深度时，拧动法兰螺丝，以改变限深轮距深松铲尖部的相对高度，距离越大深度越深；调整时要注意两侧限深轮的高度一致，否则会造成松土深度不一致，影响深松效果，调整好后注意拧紧螺栓。

③横向调整　调整拖拉机后悬挂左右拉杆，使深松机左右两侧处于同一水平高度，调整好后锁紧左右拉杆，以保证深松机工作时左右入土一致，左右工作深度一致。

④作业幅宽调整　由于深松机出厂厂家及型号各不同，其深松铲的作业覆盖宽度也不相同，平衡移动深松铲与机架相连接的连接卡子，使各深松铲之间的间距相同，调整好深松机工作部件作业覆盖宽度能达到作业总宽度要求后，拧紧卡子上的螺丝固定深松铲。

3)深松机作业常出现的不正常情况及检查和排除

①深松深度不够

检查方法：在深松机组作业中或深松地作业结束后，选择具有代表性的地段，垂直犁耕方向，将整个耕幅的松土层挖出剖面5～6处，分别测量松土深度，求其平均值，即为实际深松深度。

解决方法：A. 在深层松土作业前，应深入田间进行调查研究，用铁锹挖土壤剖面，观察和分析土壤耕层的状态和测定犁底层，然后确定适宜的松土深度；B. 认真检修松土装置，正确安装松土铲使其在控制升降的情况下松土铲的入土角均不改变。起犁时松土铲铲尖应高于铲的支持面；落犁时铲体应先接触地面，以免松土铲的铲尖受冲击而折断；C. 为了保持松土铲入土能力及其在垂直面上的稳定性，应使松土铲的支持面对土地的水平面稍有倾斜，松土铲的铲尖低于翼部8～10 mm。铲尖磨损时，应取其大值，使倾斜角大些；D. 作业中应经常检查和磨锐松土铲刃口，使其锋锐易入土，减轻阻力，当发现松土铲挂草和粘土过多时，应立即清除；E. 根据深层松土的阻力，正确编组机引铲的数量，切实掌握松土深度，不能因拖拉机功率小而降低松土深度。

②深松不均

检查方法：在机组作业中或整个地块作业结束后，按对角线的方法选择具有代表性的6～9个较平坦的地段作为测点，沿耕幅方向剖开土壤断面至松土最大深度，观察和测量最深、最浅和平均的松土深度。

解决方法：A. 作业前必须认真检修好深松机架、深松部件及升降机构，确保技术状态良好，在安装松土装置时，应考虑到各杆件连接点的游动间隙；松土铲末端在铲尖以上的总高度不得超过15 mm，铲底要平整；B. 正确调整深松机的垂直牵引中心线，使前后机架和松土铲保持平行作业，防止松土铲的入土深度不均；C. 根据土质、地形及时调整机具的深浅和水平调节舵轮，做到各松土铲入土深度一致和地头、地边、地角、地中一样。

③土层搅乱　在犁耕作业同时深层松土的犁铧和松土铲或无壁犁的松土部件，将上层和下层的土壤搅动混乱，使表土和心土掺合在一起，使未经过风化的心土翻搅到上层过多，影响作物的生长。

检查方法：在已深松过的土地上，选择具有代表性的地段为测点，沿其耕幅方向将上层剖开，仔细观察并测量松土层与耕翻层中上层表土与下层心土掺和的程度。

解决方法：除保证犁和松土铲技术状态良好外，还应做到：A. 作业前要正确安装松土铲，使铲尖与犁铧尖之间的距离不得小于500 mm。否则松土铲掘松的心土会触及前面犁，搅乱上下层土壤，容易产生倾角过大；B. 在土壤干涸的田块内不应采用无壁犁进行深松土作业；C. 在深松作业中，当发现犁、松土铲和铲柄挂结杂草时，应立即停车清理。

④土隙过大　用无壁犁进行深松作业时，其深松层内的土块较多，互不衔接，空隙较大。在作物播种前如不采取增加压实土壤的措施，可因土壤漏风而不利于种子的发芽和作物的生长。

检查方法：根据深松耕层内土壤空隙的大小程度，可在已深松和未深松的地块中进行剖面取样，并分别用测定土壤容重的方法进行对比衡量。

解决方法：A. 根据农艺标准，深松作业时土壤含水量应在15%～25%。切忌用无壁犁深松土壤干涸或过湿的土地，以免在耕层内结成较大和较多的土块，给整地作业造成困难；B. 检修好无壁犁体，确保技术状态良好，正确调整无壁犁的水平牵引中心线，勿使犁架斜行；C. 驾驶员精力要集中，保持作业机组正直运行，速度不宜过快；D. 作业中如发现无壁犁体上挂结残株杂草和泥土时，应立即清除。

⑤漏松

检查方法：在深松作业过程中或整个地块作业结束后，采用挖土壤剖面的检查方法，观察并统计底层心土或犁底层的漏松情况和漏松程度。

解决方法：除机组作业人员端正工作态度和提高操作水平外，还应做到：A. 正确安装深松部件；B. 正确调整犁的水平牵引中心线；C. 为保证耕作层内全面深松，减少牵引阻力，松土铲一般的宽度为主犁铧幅宽的4/5，松土铲的中心线应位于大犁中心线的右侧3～4 cm，这样既能避免松土铲升起时与犁床相碰，又可使尾轮行走在未疏松过的沟底上。

3. 耕地作业的田间操作

先区划好田块，减少机车空驶率，提高作业效率，降低作业成本。将地块分成几个小区，一般为300 m宽地号分两个小区，应尽量减少小区数量，减少开闭垄数量（翻转犁及其他作业不涉及)。采取内翻法(内套法)、外翻法(外绕法)和套翻法进行耕翻(图 1-1-38)。先两头翻枕地,将枕地向内侧(地里)翻 3～4 犁,单行程作业,在地边呈现一个整齐较浅的沟墙。以作业小区为例,第一小区,在第一个 100 m 处开堑,采取内翻法,当一侧翻到 50 m 后进行外翻法。内翻法第一行程开始后形成的是闭垄(高出平面),外翻法结束后最后一行程形成了开垄。第二小区,同第一小区作业。整个翻地过程中形成 2 个开垄,2 个闭垄,翻地结束后两头枕地重新进行翻地。最后立即用重耙采取画八字法耙平。

注意在翻地时整理好田间,要无杂草和土堆,犁调整水平(三点悬挂),保证犁铧各深度一致,在 30 cm 以上,无立垡无回垡,扣垡严密,合堑效果好。往复结合严密不漏,无堑沟。

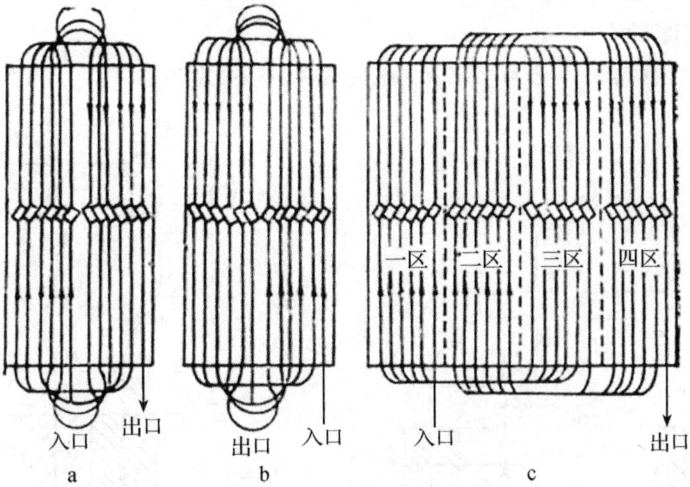

图 1-1-38　耕作方法示意图

a. 内翻法　b. 外翻法　c. 套翻法

耕(翻)地机组在地头做不同角度转弯时,其空行程长度和地头宽度计算公式也不同。

①当 $X=2R$ 时(图 1-1-39),为 180°半圆形弯,其空行程长度和地头宽度的计算公式为:

$$Lk=\pi \cdot R+2e$$

Lk——空行程。

R——机组转弯半径。

e——出线长度,指机组中心到机组最后与地面接触点的距离。不同的机组出线长度 e 不同;$2e$ 是必要的空行行程。

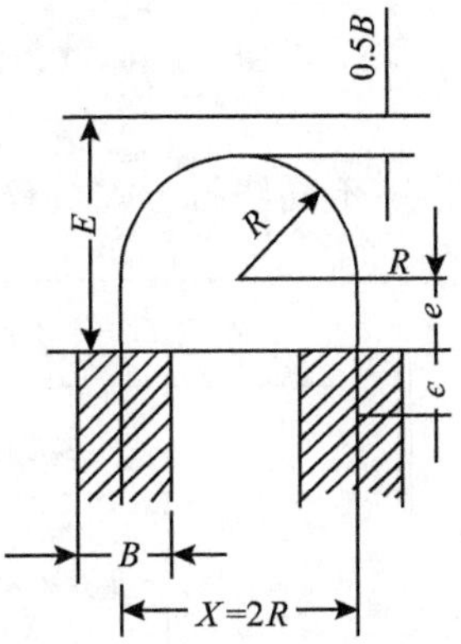

图 1-1-39　$X=2R$ 时转弯示意图

转弯地头宽度(E),指地块(或小区)两端供机组做空行转弯的地带,也是转弯形式评价指标之一。

E 的大小取决于 R、B(作业宽幅)、e;一般 $E=kB$,k 取整数。

牵挂机组 E 较大,悬挂机组 E 较小,E 可按经验公式计算:

$$E=0.5B+R+e\approx 1.5R+e$$

②当 $X>2R$ 时(图 1-1-40),为带直线行程的 180°无环节弯,其空行程长度和地头宽度的计算公式为:

$$Lk=\pi\cdot R+(X-2R)+2e$$

此时的地头宽度:

$$E=0.5B+R+e\approx 1.5R+e$$

③当 $X<2R$ 时(图 1-1-41),为有环节梨形弯,其空行程长度和地头宽度的计算公式为:

$$Lk\approx 6R$$

此时的地头宽度:

$$E\approx 2.7R+0.5B+e\approx 3R+e$$

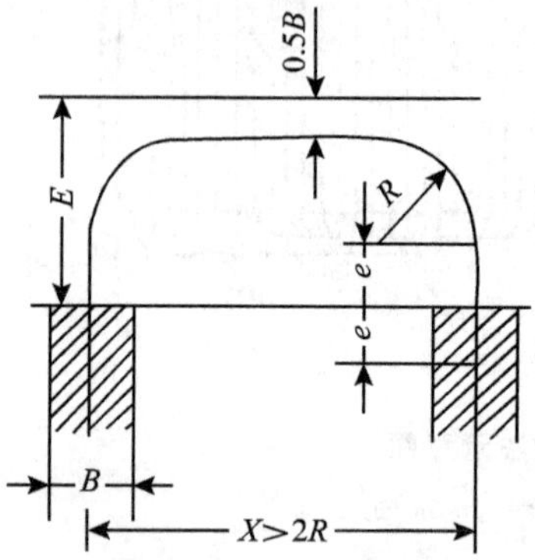

图 1-1-40 $X>2R$ 时转弯示意图

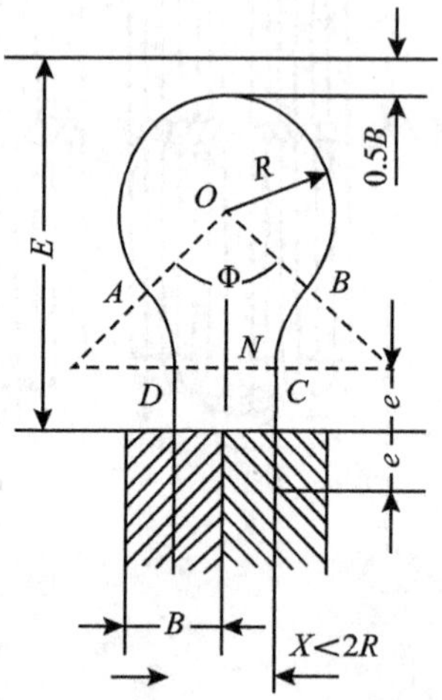

图 1-1-41 $X<2R$ 时转弯示意图

不同绕行方式行程计算公式如图 1-1-42 至图 1-1-44 所示。

类别	名称	形式	平均长度	地头宽度	操向次数/停车换档次数
90°转弯(主要用于绕行法)	弧形弯		$(1.6—1.8)R+2e$	$1.1R+0.5B+e$	2/
	有环节环形弯		$(6—8.5)R+2e$	$2.8R+0.5B+e$	4/
	有环节交叉环形弯		$(5—6.5)R+2e$	$2R+0.5B+e$	2/
	有环节 4 字形弯	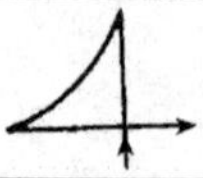	$(2.5—3.5)R+2e$	$1.2R+0.5B+e$	2/2

图 1-1-42 90°转弯示意图

类别	名称	形式	平均长度	地头宽度	操向次数/停车换档次数
180°转弯（主要用于直行法）	半圆形弯	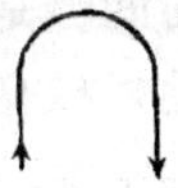	(3.2—4)$R+2e$	1.1R+0.5$B+e$	2/
	带直线的圆弧形弯		(1.4—2)$R+2e$	1.1R+0.5$B+e$	4/
	有环节梨形弯		(6.6—8.0)$R+2e$	2.8R+0.5$B+e$	4/
	有环节歪梨形弯		(6.0—7.5)$R+2e$	2.6R+0.5$B+e$	4/
	有环节8字形弯		(8—9)$R+2e$	3R+0.5$B+e$	4/
	有环节歪8字形弯		(11—13)$R+2e$	2R+0.5$B+e$	3/
	双环形弯	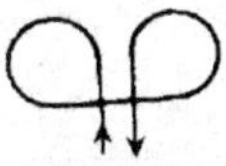	(13—14.5)$R+2e$	2R+0.5$B+e$	4/
	蘑菇形弯		(4.1—5)$R+2e$	1.1R+0.5$B+e$	4/2
	叉字形弯		(5—5.5)$R+2e$	1.1R+0.5$B+e$	4/2
	针形弯	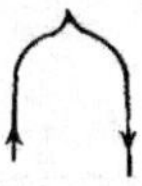	(2.8—4)$R+2e$	2R+0.5$B+e$	5/1

图 1-1-43 180°转弯示意图

类别	名称	形式	平均长度	地头宽度	操向次数/停车换档次数
任意角转弯（主要用于斜行法）	斜弧形弯		(3—5)$R+2e$	—	2/
	有环节斜环形弯		(6—8)$R+2e$	—	4/
	有环节斜4字形弯		(3—6)$R+2e$	—	2/2

图 1-1-44 任意角转弯示意图

❖ **步骤5:**保养耕地机械、封存

耕(翻)地作业完成后,由于下次再用此机械的时间会是几个月或是近一年的时间,要及时清理和保养机械,以防止其锈蚀、变形等,保持好耕地机械良好的技术状态。

①全面检查机械的外观,补刷油漆,弯刀、花键轴上涂油防锈。

②检查传动箱、十字节和轴承是否缺油,必要时立即补充。

③检查拧紧连接螺栓。

④检查插销、开口销等易损件有无缺损,必要时更换。

⑤彻底清除机械上的泥尘,油污。

⑥彻底更换润滑油、润滑脂。

⑦因需长期存放,故要将犁清洗干净,犁体工作面和各转动部位涂上防锈油,应停放在通风干燥处。

问题1-1-10:耕(翻)地时,对土壤含水率有什么要求?

问题1-1-11:地块的大小和形状对耕(翻)地作业有什么影响?

问题1-1-12:地表的秸秆情况对耕(翻)地有怎样的影响?

问题1-1-13:对于不符合耕(翻)地农艺要求的秸秆应如何处理?

问题1-1-14:耕(翻)地作业应用什么农具?

问题1-1-15:不同耕(翻)地机械的原理各是什么?

问题1-1-16:耕(翻)地机械是如何起源和演变的?

问题1-1-17:常用铧式犁的类型有什么?

问题1-1-18:圆盘犁的类型有什么?

问题 1-1-19:铧式犁的结构和工作原理是什么?

问题 1-1-20:圆盘犁的结构和工作原理是什么?

问题 1-1-21:铧式犁是如何调整技术状态的?

问题 1-1-22:圆盘犁是如何调整技术状态的?

问题 1-1-23:耕(翻)地作业在农艺上有什么要求?

问题 1-1-24:耕(翻)地作业时的行走方法有几种?

问题 1-1-25:如何计算耕(翻)地作业中的地头宽度?

问题 1-1-26:如何减少机组耕(翻)地作业的空行程?

问题 1-1-27:耕(翻)地机组的转弯或转移的行走方法有哪些?

问题 1-1-28:耕(翻)地机械作业后应做些什么?

问题 1-1-29:耕(翻)地机械如何保养?

问题 1-1-30:耕(翻)地机械保养的意义是什么?

四、任务总结评价

➢ 任务完成清单

班级：　　　　　　　　姓名：　　　　　　　　学号：

<table>
<tr><th colspan="8">任务一　机械化耕地作业任务完成清单</th></tr>
<tr><td>序号</td><td>机械化耕地作业</td><td>是否完成</td><td>资源学习（资源序号）</td><td>是否完成</td><td>完成日期</td><td>是否存在疑问</td><td>是否解决</td></tr>
<tr><td>1</td><td></td><td></td><td></td><td></td><td></td><td></td><td></td></tr>
<tr><td>2</td><td></td><td></td><td></td><td></td><td></td><td></td><td></td></tr>
<tr><td>3</td><td></td><td></td><td></td><td></td><td></td><td></td><td></td></tr>
<tr><td>4</td><td></td><td></td><td></td><td></td><td></td><td></td><td></td></tr>
<tr><td>5</td><td></td><td></td><td></td><td></td><td></td><td></td><td></td></tr>
<tr><td>6</td><td></td><td></td><td></td><td></td><td></td><td></td><td></td></tr>
<tr><td>7</td><td></td><td></td><td></td><td></td><td></td><td></td><td></td></tr>
<tr><td>8</td><td></td><td></td><td></td><td></td><td></td><td></td><td></td></tr>
<tr><td>9</td><td></td><td></td><td></td><td></td><td></td><td></td><td></td></tr>
<tr><td>10</td><td></td><td></td><td></td><td></td><td></td><td></td><td></td></tr>
<tr><td>11</td><td></td><td></td><td></td><td></td><td></td><td></td><td></td></tr>
<tr><td>12</td><td></td><td></td><td></td><td></td><td></td><td></td><td></td></tr>
<tr><td>13</td><td></td><td></td><td></td><td></td><td></td><td></td><td></td></tr>
<tr><td>14</td><td></td><td></td><td></td><td></td><td></td><td></td><td></td></tr>
<tr><td>15</td><td></td><td></td><td></td><td></td><td></td><td></td><td></td></tr>
<tr><td colspan="4">学生签名：</td><td colspan="4">指导教师签名：</td></tr>
<tr><td colspan="4">任务完成情况自评：（　A　B　C　D　E　）</td><td colspan="4">任务完成情况教师评价：（　A　B　C　D　E　）</td></tr>
</table>

说明：等级评价为 A、B、C、D、E 五级，在评价的等级符号上圈圈

➢ 任务评价

班级：　　　　　　　　姓名：　　　　　　　　学号：

任务一　机械化耕地作业任务完成评价单		
评价内容	评价要素	等级评价
信息检索	有效利用网络资源、工作手册查找有效信息	
	能够有条理地解释、表达所学的知识及技能	
	能将检索的信息进行有效转换	
感知工作	熟悉专业、认同职业工作价值	
	在任务完成中收获成就感	
参与状态	能够尊重教师、同学，达成相互理解	
	能够与教师、同学之间保持多向、丰富、适宜的信息交流	
	探究学习，具备一定自主学习能力，善于处理好合作学习和独立思考的关系，做到有效学习	
	能提出有意义的问题或能发表个人见解；能按要求正确实施操作；能够倾听、协作、分享	
	积极参与到任务中，在学习与工作过程中不断学习，综合运用信息技术的能力获得提高	
学习方法	工作计划、操作技能是否符合规范要求	
	是否获得进一步发展的能力	
工作过程	遵守任务操作规程，操作过程符合任务实施管理要求	
	上课出勤情况，任务完成情况	
	能多角度主动发现问题，提出有价值的问题	
思维状态	善于提出问题、分析问题、解决问题；创新意识	
	按时按质完成任务	
自评反馈	较好地掌握专业知识点、技能点	
	具有较强的信息分析能力和理解能力	
	具有较为全面严谨的思维能力，并能条理清晰地表述成文	
任务完成过程中自我成功小故事描述		

说明：等级评价为 A、B、C、D、E 五级

➢ 任务完成过程收获总结

班级： 姓名： 学号： 教师评价等级：

时间： 年 月 日

说明：任务完成收获主要总结表述在完成过程中的学习收获，要阐述清楚有益的经验和做法，字数≥300字，并制作PPT报告，教师评价等级为A、B、C、D、E五级，综合评价文本总结报告、PPT报告两部分内容

任务二　机械化耙地和耢地作业

一、任务引入

耕(翻)地后土垡间存在着很多大孔隙,土壤的松碎程度与地面的平整度还不能满足播种和栽植的要求,必须进行整地,以达到上松下实、地表平整,为作物的发芽和生长创造良好的条件。耙地是整地作业最重要的作业方式,而耙地机械最常用的是圆盘耙,其次有钉齿耙、滚轧耙,近年来又出现了驱动耙和缺口耙等。耙地作业如图 1-2-1 所示。

图 1-2-1　耙地作业

1. 任务描述

耙地主要作用是碎土。常见的方式是用圆盘耙进行,其碎土力强,翻耕后可以有很好的效果。本任务了解耙地的方式,耙地的农用机械种类以及耙地对农作物的影响。

2. 任务步骤分解

耙地作为耕种大豆的重要环节,直接影响土壤的松紧度,耙地的充分与否对大豆的生长有着重要的作用。主要从以下三种方式阐述,了解耙地原理、实施耙地作业、耙后维护保养。

二、任务前知识准备

问题 1-2-1:什么是顺耙法?

问题 1-2-2:什么是斜耙法?

问题 1-2-3:整地的目的是什么?

问题 1-2-4:按耙组的配置方式分(　　　)、(　　　)、(　　　)、(　　　)和(　　　)。

问题 1-2-5:悬挂式双列偏置圆盘耙的结构包括什么?

问题 1-2-6：圆盘耙片根据其直径的大小主要分为几种？请分别说明适用范围。

三、任务实施

❖ 步骤 1：了解圆盘耙的工作原理

圆盘耙结构如图 1-2-2 所示，始用于 20 世纪 40 年代，是替代钉齿耙的主要机具之一，目前国内外已广泛采用。它的主要特点是：被动旋转，断草能力较强，具有一定的切土、碎土和翻土功能，功率消耗少，作业效率高，既可在已耕地作业又可在未耕地作业，工作适应性较强。圆盘耙按连接方式分类可分为牵引式、悬挂式和半悬挂式；按耙片直径分为重型耙、中型耙和轻型耙；按耙片外缘形状分为全缘耙（图 1-2-3）和缺口耙（图 1-2-4）。按耙组的排列方式分单列对置耙 、双列对置耙、单列偏置耙、双列偏置耙（图 1-2-5）。

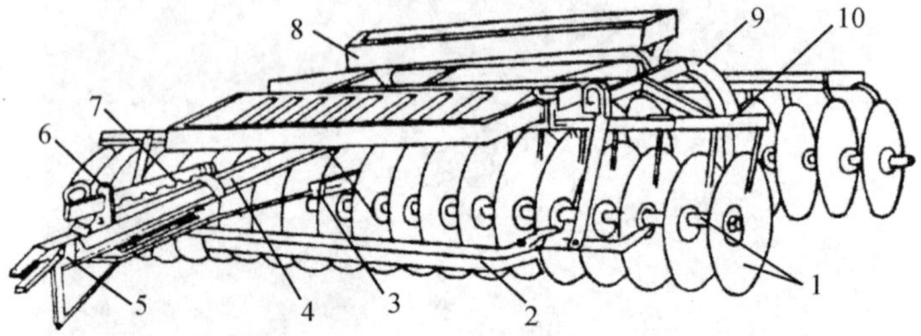

图 1-2-2　牵引式圆盘耙结构图

1. 圆盘耙片　2. 前架　3. 深浅调节拉杆　4. 主梁　5. 牵引架
6. 托架　7. 齿板　8. 配重装置　9. 后架　10. 刮泥装置

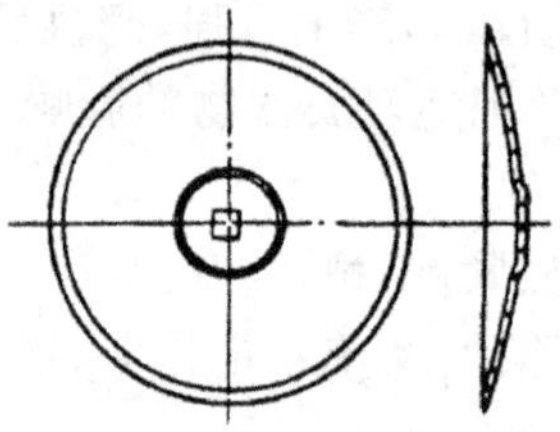

图 1-2-3　全缘耙片

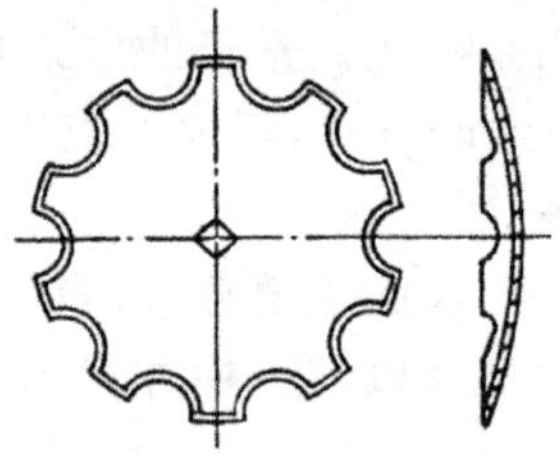

图 1-2-4　缺口耙片

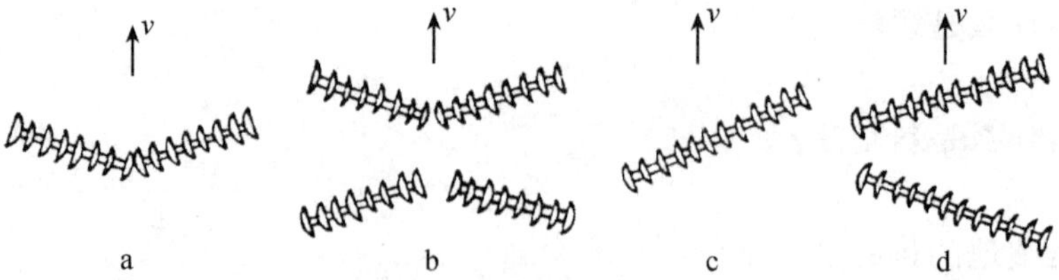

图 1-2-5　耙组排列方式

a. 单列对置耙　b. 双列对置耙　c. 单列偏置耙　d. 双列偏置耙

图 1-2-6 为悬挂式双列偏置圆盘耙的结构，主要是由耙组、耙架、牵引（悬挂）架、偏角调节

装置等组成。两套耙组采用前缺口耙片、后全缘耙片的组合形式，缺口耙片在耙片外缘有6～12个三角形、梯形或半圆形缺口。耙片凸面周边磨刃缺口耙的缺口部位也磨刃。耙组中耙片通过间管而保持一定间隔，耙片组通过轴承和轴承支板而与耙组横梁相连接。为了清除耙片上黏附的泥土，在横梁上装有刮泥铲。

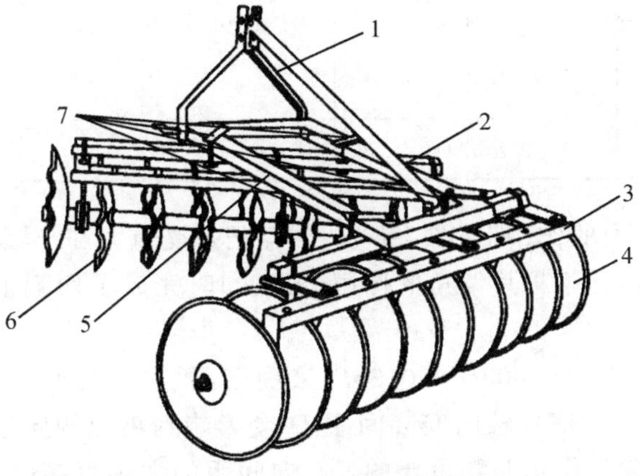

图 1-2-6　悬挂式圆盘耙结构图

1. 悬挂架　2. 横梁　3. 刮泥铲　4. 圆盘耙组　5. 耙架　6. 缺口耙组

由于缺口耙片减小了周缘的接地面积，因而入土能力增强。耙架用来安装圆盘耙组、调节机构和牵引架（或悬挂架）等部件。有铰接耙架和刚性耙架两种。有的耙架上还装有载重箱，以便必要时加配重，以增加和保持耙的深度；偏角调节器用于调节圆盘耙的偏角，以适应不同耙深的需要。角度调节器的型式有丝杠式、齿板式、液压式、插销式等。

丝杠式用于部分重耙上。这种型式结构复杂，但工作可靠。齿板式在轻耙上使用，调节比较方便，但杆体容易变形，影响角度调节。插销式结构简单，工作可靠，调整时，将耙升起，拔出锁定销，推动耙组横梁使其绕转轴旋转到合适的位置时，把锁定销插入定位孔定位，一般在中耙与轻耙上采用。液压式用于系列重耙上，虽然结构复杂，但工作可靠，操作容易。

牵引或挂接装置是耙与动力机连接的机构，对于悬挂式圆盘耙，其悬挂架上有不同的孔位，以改变挂接高度；对于牵引式圆盘耙，其工作位置和运输位置的转换是通过起落机构实现的，起落过程由液压油缸升降地轮来完成，耙架调平机构与起落机构连动，在起落过程同时改变挂接点的位置，保持耙架的水平。在工作状态，可以转动手柄，改变挂接点的位置，使前后列耙组的耕深一致。

圆盘耙在工作过程中，圆盘回转平面与地面垂直为基本工作条件。当圆盘回转平面与机车前进方向的夹角$\alpha=0°$（即耙片偏角）时只有滚动没有拖动，能切断杂草和土块，但无翻土能力，且难以达到预定的耙深；当$\alpha=90°$时，耙片只有拖动没有滚动，有强烈的翻土能力，但断草能力几乎为零，且很容易造成土壤堆积和堵塞现象；当$0<\alpha<90°$时，既有滚动又有拖动，是整地过程所需要的工作状态，见表1-2-1。

表 1-2-1　圆盘耙工作过程夹角表

圆盘与前进方向夹角关系	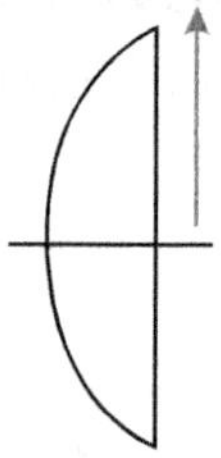	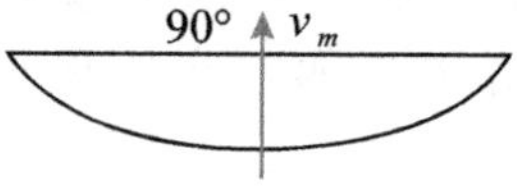	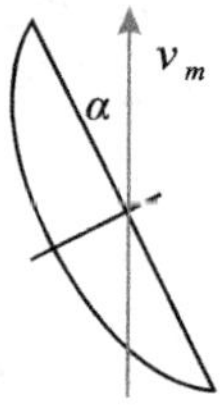
夹角角度	$\alpha=0°$	$\alpha=90°$	$0<\alpha<90°$

耙地机组在牵引动力的作用下(图 1-2-7),圆盘耙片受重力和土壤反力的作用边滚动边切入土壤并达到预定耙深,由于耙片偏角的作用,耙组同时完成了切割土壤,切断杂草和翻扣的工作。

耙片厚度一般用式 $\delta=(0.008\sim0.012)D$ 来确定,通常情况下重耙:$\delta=5$ mm;中耙:$\delta=4$ mm;轻耙:$\delta=3.5$ mm。耙片轴向安装间距 D 会影响到耙地的质量,它对圆盘耙设计安装和使用耙组、保证其正常工作是非常重要的。轴向间距的大小直接影响耙组在耕作横断面内对土壤加工、处理的程度和碎土的质量。间距太小易造成土壤堵塞,太大易产生漏耙。

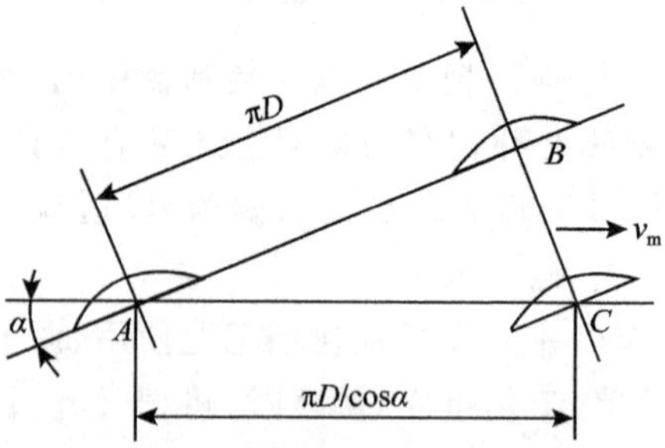

图 1-2-7　耙片运动分解示意图

耙片为一球面圆盘,在凸面周边磨成刃口,重型耙多采用直径 660 mm、有缺口的耙片,这种耙片碎土能力强,入土性能也好,适用于黏重土壤和荒地,但制造和磨损后修复较困难;轻型耙采用直径 460 mm、没有缺口的全缘耙片,中型耙常用二者组合,前列用缺口耙片,后列用全缘耙片。

目前圆盘耙片根据其直径的大小主要分为三种,直径 460 mm 为轻型耙;560 mm 为中型耙;660 mm 为重型耙,见表 1-2-2。耙地机组作业如图 1-2-8 所示。

表 1-2-2　圆盘耙片的分类表

类型	轻型圆盘耙	中型圆盘耙	重型圆盘耙
单片耙重/kg	15～25	20～45	50～65
耙片直径/mm	460	560	660
耙深/cm	10	14	18
牵引阻力/(kN/m)	2～3	3～5	5～8
适用范围	适用于中等壤土的耕后耙地,播前松土,也可用于轻壤土的灭茬。多为悬挂式、直径小、无缺口全缘耙片	适用于黏壤土的耕后耙地,也可用于中等壤土的以耙代耕	适用于开荒地、沼泽地和黏重壤土的耕后耙地,也可用于壤土的以耙代耕。多为牵引式、直径大且有缺口耙片

图 1-2-8　耙地机组作业

❖ 步骤 2　实施耙地作业

1. 耙地作业

(1)耙地作业质量标准

耙地作业质量标准可用六度来概括：深度、平度、碎度、净度、匀度、齐度。深度要求：重型耙 16～18 cm，中型耙 14～16 cm，轻耙 12～14 cm；误差±1 cm；平度要求：地表平整，耙后垄台垄沟无明显差别，达到上平下也平，地表无印痕或土包；碎度要求：耙后地表平整细碎，耕层内无大土块，空隙；净度要求：不漏耙、不拖堆，耙碎根茬，地表无残茬；匀度要求：相邻作业幅重耙量≤15 cm，无漏耙；齐度：耙到头到边，地头没有三角抹斜，地头整齐，田间道不超宽。

大豆生产的耙地作业有一定的田间操作规程，作业时要先耙枕地 2 圈，便于转弯不漏。从地的 1/3 或 1/2 处开堑，45°角斜耙(才能达到耙深效果)，耙后将四周圈 2 遍，以便弥补转弯遗漏处。重耙深度 16～18 cm，轻耙 14～16 cm。耙碎耙平，宁重不漏，到头到边，不拖堆。

(2)耙地作业注意事项

①地号清理干净。

②耙调整水平，角度调整好，前列 17°，后列 22°；耙片直径达标，各耙串直径一样(要不然挑扁担，不平)，前后耙轨迹不能重合。两个耙串间距调整与耙片间距一致(不然漏格子)。

③边缘耙片要小于正常耙片，以免出沟。

④机车进地后将折叠液压管拔掉。

⑤耙地转弯不允许升起，转大弯，不漏耙，确保不漏三角。

⑥耙放到底不允许地轮着地。

⑦刮土板调整好，及时清理泥土。

⑧调整后耙中间不出堆和坑。

⑨往复结合宁重不漏，不出沟和包，无明显印记。

(3)圆盘耙使用注意事项

①悬挂式圆盘耙机组作业时，拖拉机液压系统大都放在浮动位置。拖拉机悬挂机构的左、右限位链应处在松弛状态。

②机组作业或运输时，耙架上严禁站人或放重物。发现故障应停车排除，禁止行进时用手

或脚直接清除机具上的杂草泥土。

③草皮层较厚,土质黏重的新荒地、水稻地或重盐碱地,应选用重型缺口耙,以利于耙碎,耙透垡片和草皮层。土质较黏重的熟地,可用重型圆盘耙作业,如用轻型圆盘耙时,则要加配重,以防耙体跳动,影响入土深度。耕翻质地松软的熟地,一般采用轻型圆盘耙。前作物收割后的火茬,可采用轻型双列圆盘耙或重型缺口耙。

④圆盘耙每工作 2～3 h,应检查轴承温度及各部螺母锁片的安装和紧固;每工作 4～5 h,应向轴承注油;在雨后及灌溉后土壤比较黏重的情况下,刮土板与耙片之间的间隙过大,都会使耙堵塞,应及时清除,否则会造成耙地深度不够。

⑤运输时,耙片角度应调整为零度并卸掉加重箱上的重物。轻型圆盘耙应装上行走轮,使耙片离地,以免破坏路面或损坏耙片;重型耙应调节轮子呈运输状态。

⑥停放时,双作用油缸、软管及快速自封插头全部拆洗保养,及时更换损坏件,放在室内清洁干燥处保管;并用木板垫起耙组,在耙片上涂油防锈。

⑦作业前对耙进行检查,同一耙组耙片,刃口着地点应在同一直线上,偏差应<5 mm。各刃口间要相互平行,最大不平行度<10 mm。圆盘间距应相等,偏差应<8 mm。

⑧刃口锋利不变形,刃口厚度≤0.4 mm,刃口斜面长为 8～10 mm,刃口角度为 15°～20°。如果刃口有缺损,缺损处的深度应<15 mm,长度应<15 mm,一个耙片上的缺损处应不超过 3 处。刮土板应安装在圆盘凹面的上方,并用螺母固定在耙架上。刮土板的位置可以调整,与圆盘间要有适当间隙,一般上部间隙为 10～25 mm,下部间隙为 3～10 mm。圆盘耙组应自由转动,耙片不得在轴上晃动,方轴应正直。耙架不应变形或开焊,各连接螺钉要紧固,润滑油嘴完好。

(4)作业前耙的调整

①深浅调整　耙的工作深度用改变偏角或加配重的方法来调整。偏角增大,则入土深,堆土、铲草、碎土和翻土等作用增强。圆盘耙片的偏角都有一定的调节范围,适应不同的土壤情况和作业要求。土壤湿度大时偏角不宜过大,否则,容易造成耙片粘土和堵塞。圆盘耙片偏角调节范围一般为 14° ～ 23°,由于前列耙组在未耙地上工作,为使前后两列耙组的阻力接近相等,后列耙组的偏角应大于前列耙组。在黏重干硬的土壤作业时,如入土深度不够,可在耙架加重箱上加重,但不得加石块或铁器。加重时重物应放在耙组作业时向上翘起的一端。由于耙片的工作深度受到耙片直径的限制,一般耙深为耙片直径的 1/6～1/4。

②耙的横向水平调节　有的耙上有水平调整机构,用来调整耙架水平。悬挂耙没有水平调整机构时,也可通过拖拉机的上拉杆和左右提升杆来调整耙架的纵向和横向水平。两台以上的耙联接作业时,两台耙的角度调节应一致,机架要水平以保证前后列耙深一致。

③耙的纵向水平调整　牵引耙是通过改变耙架上挂接位置的高低来调整。当前列耙深,后列耙浅时,应降低牵引装置在耙架上的挂接位置。反之,则应提高耙架上的挂接位置。悬挂耙的纵向水平调整,是通过改变悬挂装置的上拉杆长度进行的,当前列耙深,后列耙浅时,应调长上拉杆;反之,调短上拉杆。

2. 耢地作业

(1)耢地作业意义

耢地是在犁地、耙地后(图 1-2-9)或与其结合进行的作业(图 1-2-10),也叫耱地,有的地方还叫盖地。多用柳条、荆条、木框等制成耢(耱)拖擦地面,以形成干土覆盖层,减少土壤表面蒸发，并起到平整地面、耱实土壤、耱碎土块、轻度镇压等作用，为播种提供良好的条件。在质地松、杂草少的土地上，有时在耕地后，以耱地代替耙地。有时在镇压过的土壤上进行耱地，以利保墒。播种后耱地，有覆土和轻微镇压作用。

耢地没有标准的机械，多是在耙地机械后面挂一可完成耢地效果的物体，有些地区播种后种植户会增加一道耢地工序，来给种子更好的覆土和镇压。

图 1-2-9 耢地作业

图 1-2-10 耙耢结合作业

(2)耢地作业质量要求

耢地作业也要做到适期耢平地，北方春季耢地在化冻 3 cm 即可作业，严禁湿平地。耢平到地头、地边、不拥土、不拖堆，往复结合线无明显凸台。不漏耢，往复结合线重复≥15 cm。平后地表平整，垂直于播种方向，在 4 m 宽内高低差＜5 cm。平后土壤细碎，每平方米范围内，直径 5 cm 土块不超 3 块。

❖ 步骤 3：耙后维修保养

(1)班次保养

①每班工作后，清理耙片、刮板和限深轮等上面的积泥和缠草等杂物。

②检查所有紧固螺栓的紧固状态，松动的要拧紧。

③对耙组轴承、限深轮、运输轮及调整丝杆等需要润滑处，要注润滑脂或润滑油1～2次；各转动部位加注润滑油或黄油，使其运转灵活。

④检查刮泥刀与耙片间隙，观察是否有摩擦现象。

(2)季度保养

①季度作业完成后，应对各部分检查保养。检查耙片的磨损、损坏情况，超过规定应及时修理或更换。

②对各润滑部位做全面的润滑，外露的丝杆、悬挂销上涂防锈油。

③应将整台耙清洗干净。更换轴承内的黄油，对各润滑部件加注润滑油，耙片表面上涂机油，以防锈蚀。

(3)长期停放保养

①圆盘耙长期停放时，应用木板将耙组垫起。液压或气动接头应涂上防锈油，用塑料纸包裹，防止磕碰损伤，停放在地势高的地方，并覆盖苫布以防雨淋。

②注润滑脂的位置：耙组轴承、限深轮、运输轮等处圆盘耙的润滑点。注润滑油的位置：耙组调节机构等。

问题1-2-7：圆盘耙目前国内外已广泛采用，它的主要特点是什么？

问题1-2-8：悬挂式圆盘耙结构有(　　)、(　　)、(　　)、(　　)、(　　)。

问题1-2-9：耙片厚度一般用式$\delta=(0.008\sim0.012)D$来确定，通常情况下重耙：$\delta=$(　　)；中耙：$\delta=$(　　)；轻耙：$\delta=$(　　)。

问题1-2-10：什么是耢地作业？

四、任务总结评价

➤ 任务完成清单

班级：　　　　　　　　　姓名：　　　　　　　　　学号：

任务二　机械化耙地和耢地作业任务完成清单							
序号	机械化耙地和耢地作业	是否完成	资源学习（资源序号）	是否完成	完成日期	是否存在疑问	是否解决
1							
2							
3							
4							
5							
6							
7							
8							
9							
10							
11							
12							
13							
14							
15							
学生签名：				指导教师签名：			
任务完成情况自评：（ A B C D E ）				任务完成情况教师评价：（ A B C D E ）			

说明：等级评价为 A、B、C、D、E 五级，在评价的等级符号上圈圈

➢ 任务评价

班级：　　　　　　　　姓名：　　　　　　　　学号：

任务二　机械化耙地和耢地作业任务完成评价单		
评价内容	评价要素	等级评价
信息检索	有效利用网络资源、工作手册查找有效信息	
	能够有条理地解释、表达所学的知识及技能	
	能将检索的信息进行有效转换	
感知工作	熟悉专业、认同职业工作价值	
	在任务完成中收获成就感	
参与状态	能够尊重教师、同学，达成相互理解	
	能够与教师、同学之间保持多向、丰富、适宜的信息交流	
	探究学习，具备一定自主学习能力，善于处理好合作学习和独立思考的关系，做到有效学习	
	能提出有意义的问题或能发表个人见解；能按要求正确实施操作；能够倾听、协作、分享	
	积极参与到任务中，在学习与工作过程中不断学习，综合运用信息技术的能力获得提高	
学习方法	工作计划、操作技能是否符合规范要求	
	是否获得进一步发展的能力	
工作过程	遵守任务操作规程，操作过程符合任务实施管理要求	
	上课出勤情况，任务完成情况	
	能多角度主动发现问题，提出有价值的问题	
思维状态	善于提出问题、分析问题、解决问题；创新意识	
	按时按质完成任务	
自评反馈	较好地掌握专业知识点、技能点	
	具有较强的信息分析能力和理解能力	
	具有较为全面严谨的思维能力，并能条理清晰地表述成文	
任务完成过程中自我成功小故事描述		

说明：等级评价为 A、B、C、D、E 五级

➤ 任务完成过程收获总结

班级： 姓名： 学号： 教师评价等级：

时间： 年 月 日

说明：任务完成收获主要总结表述在完成过程中的学习收获，要阐述清楚有益的经验和做法，字数≥300字，并制作PPT报告，教师评价等级为A、B、C、D、E五级，综合评价文本总结报告、PPT报告两部分内容

任务三　机械化起垄和镇压作业

一、任务引入

机械化起垄和镇压作业是农业生产中的重要环节，需要机械设备的支持和专业技术的指导，以确保作业质量。重在提高土壤的透气性、减少水分蒸发、促进作物生长。

1. 任务描述

作为农机专业的学生，需要学习并掌握起垄和镇压作业的全过程，包括了垄体的结构和面积(以便合理安排机械行走路线和作业时间)、选择适合作业要求的起垄机和镇压机、实施起垄和镇压作业、设备保养和封存。在实施这些任务时，需要注重细节，严格执行相关标准和程序，以确保达到预期的效果。同时，还需要了解农业生产的发展趋势，对标农民和企业，了解行业最前沿的知识，以共同推动农业生产的发展。

2. 任务步骤分解

机械化起垄和镇压作业，主要从以下四个方面进行阐述，如图 1-3-1 所示。

确定垄体结构 ⇨ 调整设备状态 ⇨ 起垄和镇压作业 ⇨ 保养设备并封存

图 1-3-1　机械化起垄和镇压作业任务分解

二、任务前知识准备

问题 1-3-1：哪些因素会影响起垄和镇压的效果？

问题 1-3-2：起垄机和镇压机的工作原理和操作方法是什么？

问题 1-3-3：农业机械设备如何进行保养？

问题 1-3-4：农业机械设备如何进行封存？

问题 1-3-5：起垄机主要有(　　　　)、(　　　　)和(　　　　)。

问题 1-3-6：什么是垄作？

问题 1-3-7：铧犁式起垄机主要由(　　　　)、(　　　　)和(　　　　)组成。

问题 1-3-8：简述圆盘式起垄机工作原理。

三、任务实施

步骤1：确定垄体结构，选择机具（按农艺要求）

1. 垄体结构

垄作：在高于地面的土壤上栽种作物，达到提高地温、防旱抗涝的一种耕作方式。垄作在中国始见于西周，战国时已盛行于北方，气候冷凉、春季易旱、夏季易涝地区采用较普遍。垄由高凸的垄台和低凹的垄沟组成，其构筑如图 1-3-2 所示。

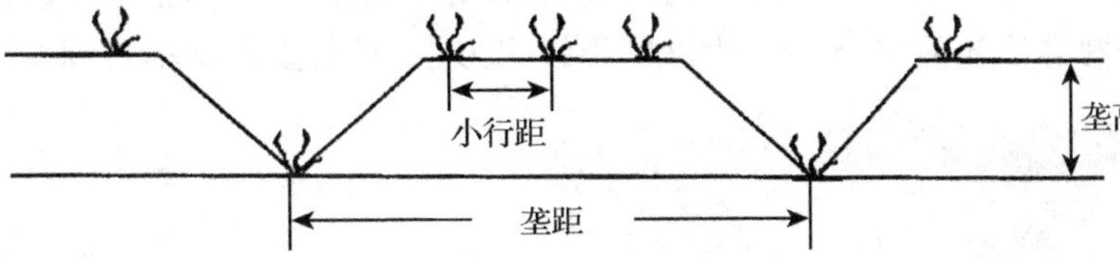

图 1-3-2 垄的构筑

垄的高低、垄幅、垄向因作物种类、土质、气候条件和地势等而异。垄的横断面近似等腰梯形。垄距过大，不能合理密植；垄距过小则不耐干旱、涝害，而且易被冲刷。在大豆种植中有小垄（图 1-3-3）、大垄（图 1-3-4）之别。大垄一般垄台高 30～36 cm，垄距 80～130 cm，应用较普遍。黑龙江地区的小垄一般为东北的方头垄，垄台高 16～20 cm，垄距 65～70 cm，适合于地势高、水利条件差的地区。

黑龙江省是全国大豆生产的主要产区之一，为提高大豆产量和品质，黑龙江省不断尝试和探索适用于本地区种植环境的大豆栽培模式，现已有垄三栽培模式、大豆覆膜栽培模式、大豆窄行密植栽培模式和保护性栽培模式，均取得了良好的增产效果。

图 1-3 3 大豆小垄种植

图 1-3-4 大豆大垄种植

2. 选择机具

起垄机主要有铧犁式起垄机（图 1-3-5）、圆盘式起垄机（图 1-3-6）和压辊式起垄机等。

(1)铧犁式起垄机

铧犁式起垄机主要由铧犁（图 1-3-7）、支架和传动装置等部分组成。它的工作原理是利用铧犁切割土壤，然后通过犁体的翻转，将土壤翻起形成垄。这种起垄机的特点是结构简单、操作方便、适用于土质较松软的农田。但是，由于铧犁的工作深度受到限制，所以不适合用于土质较硬或石块较多的农田。

(2)圆盘式起垄机

圆盘式起垄机主要由圆盘、支架和传动装置等部分组成。它的工作原理是利用圆盘切割和翻动土壤,形成垄。这种起垄机的特点是工作效率高,适用于各种土质的农田。但是,由于圆盘的工作深度和垄的高度受到限制,所以对垄体的形状和大小调整较为困难。

(3)压辊式起垄机

压辊式起垄机主要由压辊、支架和传动装置等部分组成。它的工作原理是利用压辊对土壤进行压实,形成垄。这种成垄机的特点是可以根据需要调整压辊的压力,从而调整垄的高度和宽度,适应性强。但是,由于需要较大的压实力,所以对拖拉机的功率要求较高。

起垄机械结构都比较简单、轻便,所以以悬挂式为主,起的垄数从单行到20多行都有。

图 1-3-5 铧犁式起垄机

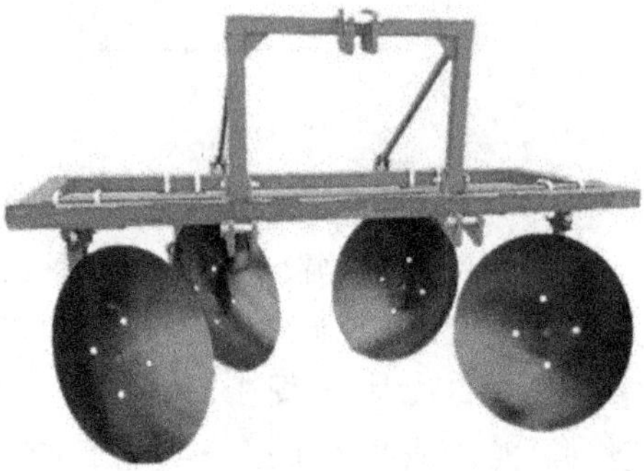

图 1-3-6 圆盘式起垄机

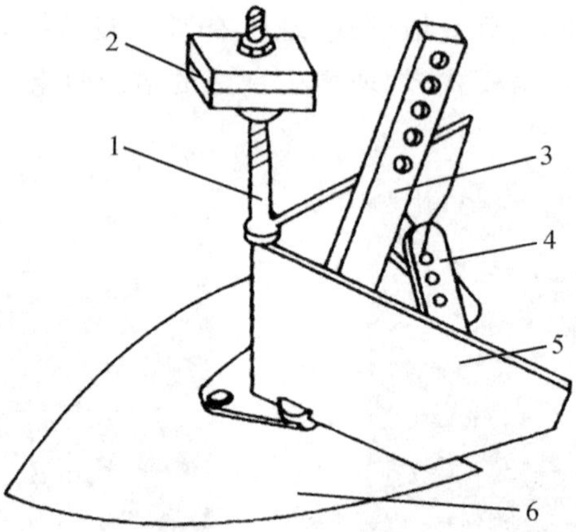

图 1-3-7 铧犁一般结构

1. 立轴 2. 卡板 3. 铧柄 4. 连接板 5. 分板 6. 三角形铧

镇压作业的机具是镇压器,用来压实起垄后过松的土壤,压碎土块,压紧耕作层,平整土地,在干旱多风地区压实地表防止土壤风蚀,用以保墒或是播种后压实覆土以利于土壤水分上升,促进种子更快发芽。常用的镇压器多为牵引式,根据形状不同一般分为"V"形、网环形、圆筒形等。

(4)"V"形镇压器

"V"形镇压器是由像算盘珠状的空心铸铁轮体,紧密地排列在轴上组成镇压辊,每组又由前后两列直径不同的镇压辊构成，通常把 2～3 组连接一体，如图 1-3-8 所示。

“V”形镇压器滚动时，A 点压入土中处于波谷处，B 点处于压在地表的波峰处。由于 A 点处压力较大，故当滚轮滚动一周时，B 点处会产生较大的滑移，这种滑移现象，使地表波峰处出现鱼鳞状碎土片覆盖层，在一定程度上有减少水分蒸发的作用。而在波谷 A 点处则土壤被压实，有利于下层水的上升。

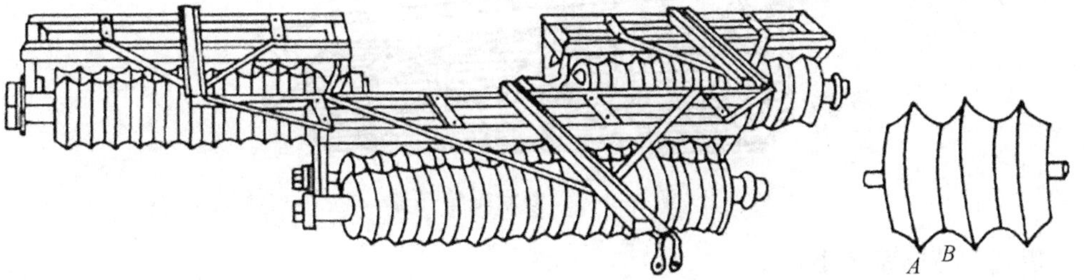

图 1-3-8 “V”形镇压器

(5)网环形镇压器

网环形镇压器的构造与“V”形镇压器相似，但工作部件(网环)的外缘为网形，而且直径也较“V”形环大，质量也重，故以压实下层土壤为主，并能保持表土疏松，使土壤有较好的保墒性能，因此又名心土镇压器，如图 1-3-9 所示。

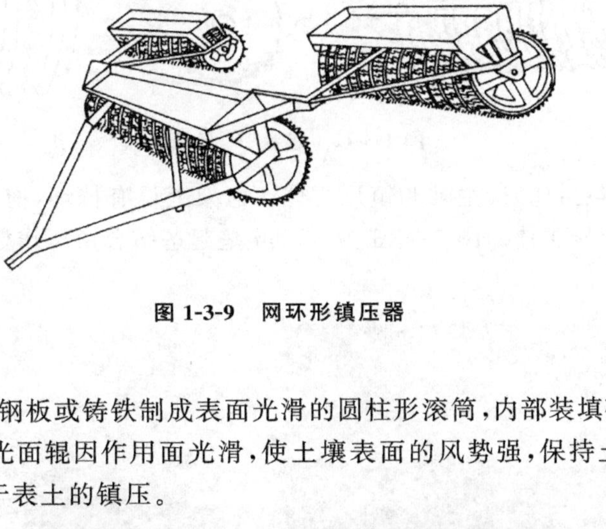

图 1-3-9 网环形镇压器

(6)光面辊镇压器

光面辊镇压器是由钢板或铸铁制成表面光滑的圆柱形滚筒，内部装填砂、碎石及泥土等构成，如图 1-3-10 所示。光面辊因作用面光滑，使土壤表面的风势强，保持土壤水分的能力差，破碎力也不足，主要用于表土的镇压。

图 1-3-10 光面辊镇压器

(7)管状辊镇压器

管状辊镇压器是把钢管做成圆筒形,平行排列起来,在一根轴上连接许多个,如图 1-3-11 所示。这种镇压器质量轻,但破碎效果好,镇压后地面呈规则的凸凹不平,减小风势,土壤水分保持良好。

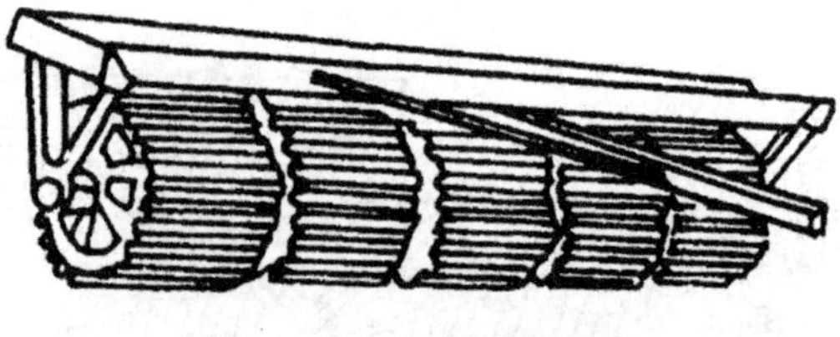

图 1-3-11 管状辊镇压器

(8)齿盘"V"形镇压器

齿盘"V"形镇压器是在两个"V"形轮之间加装一个齿盘,且齿盘的外径稍大于"V"形轮,齿盘在回转的同时上下运动,如图 1-3-12 所示。这种镇压器的破碎能力极强,可有效地用于黏重土壤,此外还用于镇压带霜冻的土壤。

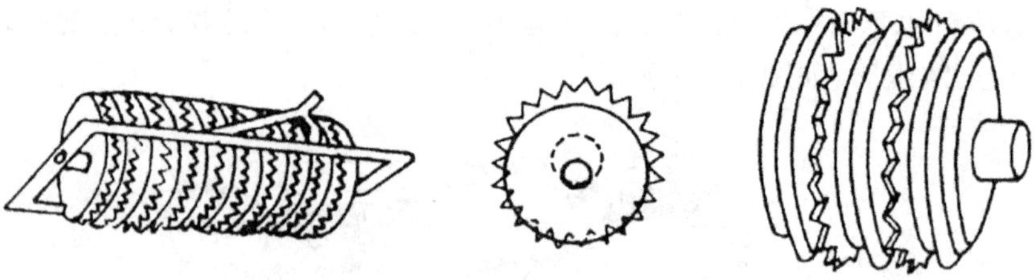

图 1-3-12 齿盘"V"形镇压器

镇压器的结构包括拖架、主轴和镇压主体。拖架上设有挂环,拖架通过螺栓与主轴相连接;主轴上穿装有镇压主体。图 1-3-13 为 65 cm 垄起垄结合镇压作业,图 1-3-14 为大豆大垄成垄后镇压作业。

图 1-3-13 65 cm 垄起垄结合镇压作业

图 1-3-14 大豆大垄成垄后镇压作业

❖ **步骤2**:调整起垄机技术状态

(1)前期检修和检查

在使用起垄机之前,进行前期检修和检查以确保机具的正常运行,避免因机具故障导致的作业效率降低或者作业质量下降。一般的检修、检查步骤和流程如下。

①外观检查 检查起垄机的外观是否有明显的损坏或者磨损,如机体是否有裂纹,涂层是否有脱落等。

②零部件检查 检查起垄机的各个零部件是否完好,如切割部件、翻土部件、压实部件等是否有磨损或者损坏,是否需要更换。

③连接部位检查 检查起垄机与拖拉机的连接部位是否牢固,连接螺丝是否有松动。

④传动系统检查 检查起垄机的传动系统,如链条、齿轮等是否正常,是否需要加油润滑。

⑤液压系统检查 如果起垄机有液压系统,需要检查液压油的油位和油质,检查液压管路是否有泄漏。

⑥调整部位检查 检查起垄机的各个调整部位,如垄高调整、垄宽调整等是否灵活,是否能够正常工作。

⑦功能测试 在检查完以上部位后,进行空载运行测试,检查起垄机是否能够正常工作,是否有异常声音。

(2)起垄机具的常见故障

①起垄机具不进入土地耕垄或者机具的整体性不能协调配合 机具的耕垄架不能与地面保持水平标准,这种情况下应调节机具的内部结构,使其与地面保持水平;如机具与动力机车不能保持一致,应将其调节至相同界面,加强机具的整体性。

②旋转轮停止运作或运作有困难 造成这种现象的原因是土壤水分相对较大,并有杂草杂物在土地中不能消化,应及时将杂草杂物铲除,并保持土壤水分适中再进行作业;零部件不能有效配合,说明其缺油,应及时将油注满,并在以后的作业中经常检查,保证润滑油充足,不损伤零件;机具应用架与地面距离过近,应及时调整使其在适中的高度,保证农机作业的正常进行。

③耕垄间隔太远或太近 调节动力机车,使其与耕垄机具在土地划分垄间距时能够合理划分,保持间距的正常距离。

❖ **步骤3**:实施起垄和镇压作业

(1)起垄作业

①作业前应仔细检查各部件螺母和顶丝紧度,应拧紧,检查施肥箱、中间轴、划印器、圆盘等部位转动情况,应注润滑油。

②作业时应调节拖拉机悬挂机构的中央拉杆,使机架前后处于水平状态,也可以用中央拉杆调节起垄铧的工作深度,调节拖拉机悬挂机构的左右拉杆,使机架左右处于水平状态,拖拉机下拉链应适当调紧,以免机具偏摆。

③通过调节支撑轮高度即可调节机架高度,一般使支撑轮下缘距支架横梁上平面垂直距离在6 cm左右为宜。

④通过上下串动铧柄位置调节起垄铧深度,在调节时,要使各组铧尖与顺梁距离一致。

⑤根据垄型要求调节分土板开度，分土板开度调节要使垄型饱满为主。

⑥根据作业要求调节深松铲和分层施肥管的工作深度，要使各深松铲尖位置在同一平面内。

⑦通过拧动施肥箱左右内侧的肥量调节总成，串动排肥轴改变排肥轮工作长度调节施肥量的大小，各排肥槽轮工作长度应一致，如不一致，可通过串动排肥轴上的卡箍进行调节。

⑧可通过经验或在地头反复试验确定划印器长度。

(2)镇压作业

①选择合适的镇压机　根据土壤类型和作物种类，选择合适的镇压机。不同的土壤和作物需要不同的镇压力度和镇压深度。

②调整镇压机　根据需要，调整镇压机的压力和深度。一般来说，土壤越松软，需要的压力越大；种子越小，需要的压力越小。

③开始镇压作业　将镇压机与拖拉机连接，然后开始镇压作业。在镇压过程中，应保持稳定的速度，避免因速度过快或过慢导致的压实不均。

④检查镇压效果　镇压完成后，检查土壤的压实情况。如果发现有部分地方压实不足，可以进行二次镇压。

⑤后期管理　镇压作业完成后，需要进行后期的田间管理，如灌溉、施肥、病虫害防治等。

❖ 步骤4：保养起垄机并封存

起垄机具在使用与停放时都要进行正确的保养与保管，以保持机具的良好技术状态和延长使用寿命。

①在班次工作结束后，应清除机具各工作部件上的泥土、秸秆等杂物，应对润滑部位注油，拧紧所有松动的螺母，尤其是各个U形卡丝上的螺母，检查传动链条的松紧度及磨损情况。

②把整形机升起，转动地轮，检查排肥总成(如果有)的工作情况，消除各种卡滞现象。

③运输时，整机应升到最高位置，划印器要竖起，如果是远途运输，应将中央拉杆调到最短，以得到较高的运输间隙。

④一个作业季节结束后，要进行全面的技术状态检查，更换或修复磨损和变形的零部件，检查各部轴承磨损情况，检查链条的磨损和链轮的转动情况，必要时予以调整或更换。

⑤长期存放时，应对损坏或不能继续使用的零件进行修理或更换；应卸开润滑部位进行清洗，并涂上润滑油；对犁铧等与土壤接触的部件，应擦净并涂油，以防锈蚀；放松压力弹簧，使之处于自由状态；应对整机进行彻底的清洗，存放在干燥、防雨的库中，并用支架将机具框架垫起来，使地轮不再承受负荷。

农业建设在近年来逐渐涌现出了新的耕种技术。将机械化应用到农作耕种中，是与时俱进的表现。虽然大多数的农民可以熟练地操作使用起垄机具，但是对于日常的保养及维护却做得远远不够，在机器大强度的农作以后，随之而来的会出现一些问题，若想让机器发挥更大的作用，并为耕垄提高耕种质量，对机器的保养及维护是必不可少的。

问题 1-3-9:起垄机常见故障有哪些?

问题 1-3-10:调整起垄机技术状态包含哪些内容?

问题 1-3-11:起垄机使用中如何调整?

问题 1-3-12:起垄作业的操作步骤有哪些?

问题 1-3-13:镇压作业的操作步骤有哪些?

问题 1-3-14:铧犁一般结构包括(　　)、(　　)、(　　)、(　　)、(　　)、(　　)。

问题 1-3-15:起垄机的保养应注意哪些问题?

问题 1-3-16:长期存放起垄机应做哪些措施?

问题 1-3-17:在一个作业季节结束后,起垄机要做哪些检查?

四、任务总结评价

➢ 任务完成清单

班级：　　　　　　　　　姓名：　　　　　　　　　学号：

任务三　机械化起垄和镇压作业任务完成清单							
序号	机械化起垄和镇压作业	是否完成	资源学习（资源序号）	是否完成	完成日期	是否存在疑问	是否解决
1							
2							
3							
4							
5							
6							
7							
8							
9							
10							
11							
12							
13							
14							
15							
学生签名：				指导教师签名：			
任务完成情况自评：（ A B C D E ）				任务完成情况教师评价：（ A B C D E ）			

说明：等级评价为 A、B、C、D、E 五级，在评价的等级符号上圈圈

➢ 任务评价

班级：　　　　　　　　姓名：　　　　　　　　学号：

任务三　机械化起垄和镇压作业任务完成评价单		
评价内容	评价要素	等级评价
信息检索	有效利用网络资源、工作手册查找有效信息	
	能够有条理地解释、表达所学的知识及技能	
	能将检索的信息进行有效转换	
感知工作	熟悉专业、认同职业工作价值	
	在任务完成中收获成就感	
参与状态	能够尊重教师、同学，达成相互理解	
	能够与教师、同学之间保持多向、丰富、适宜的信息交流	
	探究学习，具备一定自主学习能力，善于处理好合作学习和独立思考的关系，做到有效学习	
	能提出有意义的问题或能发表个人见解；能按要求正确实施操作；能够倾听、协作、分享	
	积极参与到任务中，在学习与工作过程中不断学习，综合运用信息技术的能力获得提高	
学习方法	工作计划、操作技能是否符合规范要求	
	是否获得进一步发展的能力	
工作过程	遵守任务操作规程，操作过程符合任务实施管理要求	
	上课出勤情况，任务完成情况	
	能多角度主动发现问题，提出有价值的问题	
思维状态	善于提出问题、分析问题、解决问题；创新意识	
	按时按质完成任务	
自评反馈	较好地掌握专业知识点、技能点	
	具有较强的信息分析能力和理解能力	
	具有较为全面严谨的思维能力，并能条理清晰地表述成文	
任务完成过程中自我成功小故事描述		

说明：等级评价为 A、B、C、D、E 五级

➢ 任务完成过程收获总结

班级： 姓名： 学号： 教师评价等级：

时间： 年 月 日

说明：任务完成收获主要总结表述在完成过程中学习收获，要阐述清楚有益的经验和做法，字数≥300字，并制作PPT报告，教师评价等级为A、B、C、D、E五级，综合评价文本总结报告、PPT报告两部分内容

项目总结活动

项目总结活动主要完成展示任务完成作品、自评、总结心得、PPT学习总结报告等。

➤ 项目完成清单

班级：　　　　　　　　姓名：　　　　　　　　学号：

<table>
<tr><td colspan="9">项目一　大豆生产机械化耕整地技术项目完成清单</td></tr>
<tr><td>序号</td><td>项目设计内容</td><td>是否完成</td><td>项目收获总结</td><td>是否完成</td><td>项目评价成功小故事</td><td>是否提炼出重点</td><td>项目完成难点</td><td>是否解决</td></tr>
<tr><td>1</td><td></td><td></td><td></td><td></td><td></td><td></td><td></td><td></td></tr>
<tr><td>2</td><td></td><td></td><td></td><td></td><td></td><td></td><td></td><td></td></tr>
<tr><td>3</td><td></td><td></td><td></td><td></td><td></td><td></td><td></td><td></td></tr>
<tr><td>4</td><td></td><td></td><td></td><td></td><td></td><td></td><td></td><td></td></tr>
<tr><td>5</td><td></td><td></td><td></td><td></td><td></td><td></td><td></td><td></td></tr>
<tr><td>6</td><td></td><td></td><td></td><td></td><td></td><td></td><td></td><td></td></tr>
<tr><td>7</td><td></td><td></td><td></td><td></td><td></td><td></td><td></td><td></td></tr>
<tr><td>8</td><td></td><td></td><td></td><td></td><td></td><td></td><td></td><td></td></tr>
<tr><td>9</td><td></td><td></td><td></td><td></td><td></td><td></td><td></td><td></td></tr>
<tr><td>10</td><td></td><td></td><td></td><td></td><td></td><td></td><td></td><td></td></tr>
<tr><td colspan="5">学生签名：</td><td colspan="4">指导教师签名：</td></tr>
<tr><td colspan="5">项目完成情况自评：（ A B C D E ）</td><td colspan="4">项目完成情况教师评价：（ A B C D E ）</td></tr>
</table>

说明：等级评价为A、B、C、D、E五级，在评价的等级符号上圈圈

项目知识问答

通过以下问题,系统地掌握大豆机械化生产的耕整地技术。

问题 1-1:耕整地机械都有什么?

问题 1-2:耕整地机械各有什么作用?

问题 1-3:不同耕整地机械各有什么优缺点?

问题 1-4:耕地和整地的区别是什么?

问题 1-5:在耕整地之前应做些什么?

问题 1-6:翻地的技术要求是什么?

问题 1-7:播前深松的技术要求是什么?

问题 1-8:耙地的技术要求是什么?

问题 1-9:起垄的技术要求是什么?

问题 1-10:镇压的技术要求是什么?

问题 1-11:什么是保护性耕作?

➢ 项目评价

班级：　　　　　　　　　　姓名：　　　　　　　　　　学号：

项目一　大豆生产机械化耕整地技术项目完成评价单			
评价内容	评价要素	能力提升 自评等级	能力提升 教师评价
信息检索	有效利用网络资源、工作手册查找有效信息		
	能够有条理地解释、表达所学的知识及技能		
	能将检索的信息进行有效转换		
感知工作	熟悉专业、认同职业工作价值		
	在项目完成中收获成就感		
参与状态	能够尊重教师、同学，达成相互理解		
	能够与教师、同学之间保持多向、丰富、适宜的信息交流		
	探究学习，具备一定自主学习能力，善于处理好合作学习和独立思考的关系，做到有效学习		
	能提出有意义的问题或能发表个人见解；能按要求正确实施操作；能够倾听、协作、分享		
	积极参与到项目中，在学习与工作过程中不断学习，综合运用信息技术的能力获得提高		
学习方法	工作计划、操作技能是否符合规范要求		
	是否获得进一步发展的能力		
工作过程	遵守项目操作规程，操作过程符合项目实施管理要求		
	上课出勤情况，项目完成情况		
	能多角度主动发现问题，提出有价值的问题		
思维状态	善于提出问题、分析问题、解决问题；创新意识		
	按时按质完成项目		
自评反馈	较好地掌握专业知识点、技能点		
	具有较强的信息分析能力和理解能力		
	具有较为全面严谨的思维能力，并能条理清晰地表述成文		
请罗列出项目完成过程中自我成功的小故事			

说明：等级评价为 A、B、C、D、E 五级

➢ 项目完成过程收获总结

班级：　　　　　　姓名：　　　　　　学号：　　　　　　教师评价等级：

说明：项目完成过程收获总结主要表述在完成过程中的学习收获，要阐述清楚有益的经验和做法，字数≥300字，并制作PPT报告，教师评价等级为A、B、C、D、E五级，综合评价文本总结和PPT报告两部分内容

项目二　大豆生产机械化播种技术

项目引入

近年来，随着农村经济的发展，农村劳动力的转移，农民生活观念和生产行为的变化，广大农民迫切要求使用先进的机械化种植技术。同时，随着农业科学技术的不断进步，大豆新品种、新栽培技术和新管理技术不断涌现，对大豆播种机械化技术也提出了新的要求。例如，采用大豆精(少)量播种、大豆免耕播种、大豆灭茬播种、大豆大垄双行播种等新技术。实现机械化播种，不仅可减轻劳动强度，提高工作效率，而且可以抢时间、增积温，趁墒抢种，不误农时，保证播种质量，取得大豆高产，还为田间管理和大豆机械化收获创造了条件。

◆ 项目描述

播种是农作物栽培的重要环节之一，必须适时并符合农业技术要求，使作物苗齐苗壮，并获得良好的生长条件，为增产建立可靠的基础。机播可加快播种速度，提高播种质量，是我国农田作业机械化中发展较快的项目之一。

我国地域辽阔，作物生产的环境、条件、种植方式等多种多样，南北方有着明显的差异。虽然南北方地区的粮食播种差异较大，但总体来说，我国的播种方式大致有以下几种：撒播、条播、穴播、精密播种、免耕播种。随着大豆种植面积的增加和农场规模化生产的不断推广，农民迫切希望实现大豆机械播种，使得各类大豆播种机械出现供不应求的局面，为发展大面积大豆机械化播种技术创造了条件。大豆生产机械化播种技术的应用，又使得大豆机械化种植面积大幅度增加，推动着大豆机械化播种技术向更深层次的发展。

项目任务

系统地掌握大豆机械化播种的机械分类、机械性能及其应用技术，能够根据不同耕地情况和配套的拖拉机型选择相应的播种机械和使用播种机正常播种作业，对播种中出现的故障能快速排除，对播种机械进行播前状态调整和播后技术保养。

学习目标

◆ 知识目标

掌握大豆播种机械使用前的准备工作；

了解各种大豆播种机的结构特点；

掌握不同播种机械的性能；
熟练调整播种机械的技术状态。

◆ **能力目标**

能全面掌握大豆播种机械在实际中的应用技术；
能及时排除播种机械中出现的故障；
能正确安装播种机并掌握技术状态检查和调整。

◆ **素质目标**

树立服务三农意识，形成强烈的爱国热情，培养良好的职业道德；
培养良好的农机应用意识，发扬严谨的工匠精神；
培养良好的学习习惯，形成严格自律的自我学习能力；
培养良好的交流、协作意识，形成较强的沟通交流和团队协作能力；
培养良好的信息检索习惯，形成较强的信息检索能力。

项目实施

任务一　大豆播种作业前准备

一、任务引入

大豆是我国特别是东北三省的主要粮食作物。大豆播种作业的机械化，能够大大缩短播种期限，为早出苗、争积温、夺高产创造先决条件；为劳动者改善生产条件、减轻劳动强度，为从事其他行业的创收致富提供了保证。所以，大豆播种机械选购和使用已成为农机使用者关注的焦点问题，同时大豆播种机械的设计改进也成为农机工作者研究的对象。多年的实践已经证明，大豆播种质量的好坏，大豆播种出苗长势的优劣，均与使用了什么样的大豆播种机械有着极其紧密的关联。特别是近几年，出现了很多大豆栽培种植的新技术，而这些新技术的实验示范、推广无不与播种机械的使用与选择有着极大的关系。

1. 任务描述

播种是农作物栽培的重要环节，必须适时并满足农艺要求，使作物苗齐苗壮，并获得良好的生长环境，为增产建立可靠的基础。播种机械化是农业机械化过程中最为复杂也是最为重要的工作。播种机械所面对的播种方式、作物种类、品种等变化繁多，这就需要播种机械有较强的适应性并能满足不同种植要求的工作性能。大豆生产机械化播种，尤其是播种机械的适当选择，才能使大豆高产有所保障。避免出现漏播、重播、结合垄播种不齐等现象的发生。

2. 任务步骤分解

大豆机械化播种作业前准备的流程见图 2-1-1。

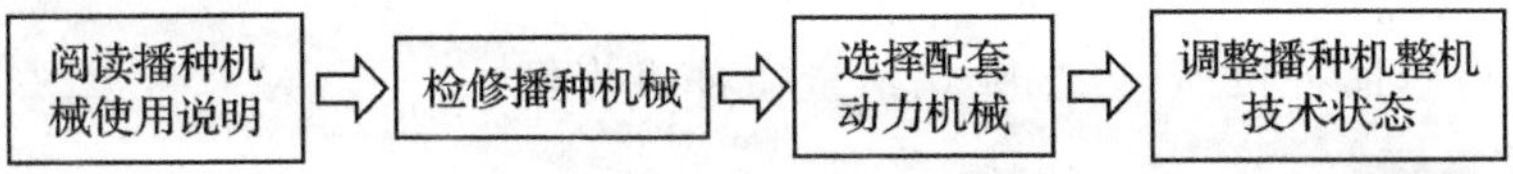

图 2-1-1　播前准备流程图

二、任务前知识准备

问题 2-1-1：阅读播种机械使用说明书有什么意义？

问题 2-1-2：播种机械使用前应做好哪些工作？

问题 2-1-3：如何根据播种机选择配套的动力机械？

问题 2-1-4：播种机使用前都有哪些部件需要调整？

问题 2-1-5：大豆免耕精量播种机可一次性完成哪几项作业？

问题 2-1-6：电动气吸式大豆播种机与传统播种机主要区别在哪里？

三、任务实施

❖ 步骤 1：阅读播种机械使用说明

播种机械使用说明由生产厂家依照国家要求的格式及内容撰写，是对播种机械主要特征的介绍，主要包括播种机械使用时的注意要点、播种株距、播种行距、播种深度、施肥量等技术的调节方法。播种机械使用说明是指导怎样使用播种机械的依据之一，具有法律效力。播种前正确阅读、理解说明书是安全生产的前提。掌握好播种机械的用法是安全生产的关键，播种机械的用法主要指在不同地形、不同农艺要求下能正确选择和使用播种机械。播种机械使用说明如图 2-1-2 所示。

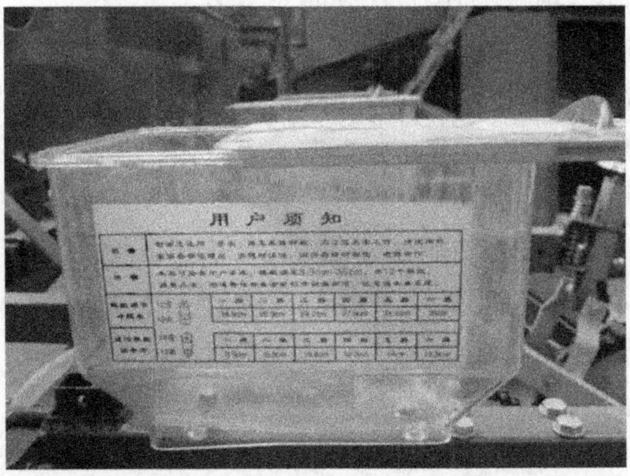

图 2-1-2　播种机械使用说明

❖ **步骤 2**：检修播种机械（以气吸式精量播种机为例）

（1）作业前的检修

播种机械各润滑部位应及时润滑，对于注入润滑脂不顺畅的油路及时修复。拧紧所有松动的螺母、螺栓，尤其是各个“U”形卡上的螺母；检查传动链条的松紧度及磨损情况；查看风机与机架的连接是否牢固，风机皮带的张紧度是否合适。升起播种机，转动地轮，检查排肥器总成和排种器情况；消除各种卡滞现象（图 2-1-3）。

图 2-1-3　作业前检修

（2）机架高度的调整

通过转动支撑承轮调节螺杆来调节支承轮的高低，进而使机架升高或降低。机架的工作高度应以保证施肥部件的施肥深度为准。

（3）行距的调整

气吸精量播种机适应的行距范围是 650～700 mm，方法是：以梁架中心线为基准，左右两边对称串动播种单体和施肥部件，同时，两组支承轮和对应的传动链轮也要做相应的串动。调整后将移动过的零部件重新紧固定位。

（4）施肥量的调整

调整时，先松开链轮紧固螺栓，再转动排肥量调节套，改变排肥槽轮工作长度。调整排肥量时要注意各排肥舌的开度，调整后施肥量应满足农业技术要求。

（5）施肥深度的调整

通过调整整机的离地高度来改变施肥部件的入土能力，进而达到调整施肥深度的目的，具体调整方法参见机架高度调整部分。

（6）播种深度（镇压强度）的调整

将播种单体后面的限深调节手柄固定卡簧抬起，用手转动限深手柄，使仿形镇压轮上下移动，直到深度指示针要求的播种深度为止。操作时要让所有播种单体的深度指示针都指在同一刻度，以保证各行播种深度一致性。

（7）风机皮带张紧度的调整

将皮带张紧螺栓处的锁紧螺母松开，然后将螺栓旋入，旋入长度以皮带的张紧强度是否达到要求为准，然后再将锁紧螺母拧紧。

❖ **步骤3**:选择配套动力机械

播种机匹配的拖拉机,首先需要考虑的是拖拉机的马力,马力越大的拖拉机可以配备更高效的播种机,能够提高播种效率和作业面积。一般而言,拖拉机的马力与播种机的型号和作业性能是相关的。除了马力,选择适合的播种机型号也是很重要的一点。不同类型的播种机适合不同的作业场地,例如平地、山地等。播种机的型号不仅与播种作业的效率有关,还与播种的作物种类有关。

①选择适合的播种机型号,能够提高播种的效率和作业质量。

②在选择拖拉机播种机时,还需要考虑作业范围的大小。如果作业范围较小,则可以选择一些小型的播种机,若作业范围较大,则需要选择大型的播种机以提高生产效率。

③需要注意播种机与拖拉机的匹配度。如果播种机与拖拉机的匹配度不好,则可能会影响作业效率。总之,在选择拖拉机、播种机时,要从马力、播种机型号、作业范围以及播种机与拖拉机的匹配度等多方面因素考虑,以选择那些品牌和型号相匹配的、适合自己的机器,从而提高作业效率和质量。

以黑龙江地区平整土地为例,2-4行精量播种机:适用小型农田,一般配套50马力(1马力≈0.735 kW)拖拉机即可作业,播种效率较高,可以实现大面积快速播种,但对土壤的要求较高,不适用于荒地和石地等土地类型。4-8行精量播种机:适用小、中型农田,一般配套120马力拖拉机即可作业,播种效率较高,可以实现大面积快速播种。8-12行普通播种机:适用于中型农田,播种效率较高,可以满足较高的播种要求,但对拖拉机的匹配性要求较高,需要有足够的马力和转速,一般配套180马力拖拉机进行作业。16-24行精量播种机:适用于大型农田,播种效率非常高,可以满足大面积高效的播种要求,但对拖拉机的配置和操作要求较高,需要有专业的操作人员和技术支持,一般需要230马力以上拖拉机牵引作业(图2-1-4)。

图2-1-4　拖拉机播种作业

❖ **步骤4**:调整播种机整机技术状态

在播种机作业前,需要对播种机进行全面的清洁和技术状态的调整。仔细检查播种机的各个部位,特别是播种盘、排种器和排种器压力等部件,确保它们没有损坏或松动。提前调整好播种机的技术状态,避免在作业时发生机械故障影响正常播种的农事活动。

调整播种机技术状态,应在每季作物播种前一周进行(我国幅员辽阔,因区域不同时间会有差异)。

①调整播种机的排种器和播种盘　排种器调整的目的是控制种子的排放量和排放间距,以确保播种的密度和均匀度。播种盘调整的目的是确保种子能够顺利进入排种器,不会卡住

或堵塞。调整排种器和播种盘需要根据播种机的型号和种子的特性进行，通常需要根据播种机的说明书进行操作。

②调整播种机的行进速度和深度　行进速度的调整是为了保持播种机的稳定性和作业效果，过快或过慢的行进速度都会影响播种的效果。播种机的深度调整则需要根据播种作物的要求和土壤的质地来确定，以确保种子能够达到适宜的深度，有利于发芽和生长。

③根据播种作物的要求和土壤的条件调整播种机的施肥器和喷洒器　施肥器的调整是为了确保播种作物在播种的同时能够得到适量的肥料，促进生长和发育。喷洒器的调整则是为了在播种的同时进行必要的农药喷洒，防治病虫害，提高作物的产量和质量。

四、任务总结评价

➢ 任务完成清单

班级：　　　　　　　　姓名：　　　　　　　　学号：

任务一　大豆播种作业前准备任务完成清单							
序号	大豆播种作业前准备	是否完成	资源学习（资源序号）	是否完成	完成日期	是否存在疑问	是否解决
1							
2							
3							
4							
5							
6							
7							
8							
9							
10							
11							
12							
13							
14							
15							
学生签名：				指导教师签名：			
任务完成情况自评：（ A B C D E ）				任务完成情况教师评价：（ A B C D E ）			

说明：等级评价为 A、B、C、D、E 五级，在评价的等级符号上圈圈

➢ 任务评价

班级：　　　　　　　　　　　姓名：　　　　　　　　　　　学号：

任务一　大豆播种作业前准备任务完成评价单		
评价内容	评价要素	等级评价
信息检索	有效利用网络资源、工作手册查找有效信息	
	能够有条理地解释、表达所学的知识及技能	
	能将检索的信息进行有效转换	
感知工作	熟悉专业、认同职业工作价值	
	在任务完成中收获成就感	
参与状态	能够尊重教师、同学，达成相互理解	
	能够与教师、同学之间保持多向、丰富、适宜的信息交流	
	探究学习，具备一定自主学习能力，善于处理好合作学习和独立思考的关系，做到有效学习	
	能提出有意义的问题或能发表个人见解：能按要求正确实施操作；能够倾听、协作、分享	
	积极参与到任务中，在学习与工作过程中不断学习，综合运用信息技术的能力获得提高	
学习方法	工作计划、操作技能是否符合规范要求	
	是否获得进一步发展的能力	
工作过程	遵守任务操作规程，操作过程符合任务实施管理要求	
	上课出勤情况，任务完成情况	
	能多角度主动发现问题，提出有价值的问题	
思维状态	善于提出问题、分析问题、解决问题；创新意识	
	按时按质完成任务	
自评反馈	较好地掌握专业知识点、技能点	
	具有较强的信息分析能力和理解能力	
	具有较为全面严谨的思维能力，并能条理清晰地表述成文	
任务完成过程中自我成功小故事描述		

说明：等级评价为A、B、C、D、E五级

➤ 任务完成过程收获总结

班级：　　　　　　　　姓名：　　　　　　　　学号：　　　　　　　　教师评价等级：

时间：　　年　　月　　日

说明：任务完成收获主要总结表述在完成过程中的学习收获，要阐述清楚有益的经验和做法，字数≥300字，并制作PPT报告，教师评价等级为A、B、C、D、E五级，综合评价文本总结报告、PPT报告两部分内容

任务二　大豆播种作业

一、任务引入

农作物生长季节性很强，必须按照农业技术要求适时播种，才能保证苗全苗壮，生长良好，为增产增收建立可靠的基础。机械播种较人工手播更加均匀准确、深浅一致、进度快，是农田作业机械化的重要环节。大豆机械播种能够有效控制播种深度和精度，播种作业效率高，且幼苗出土整齐，便于管理。

1. *任务描述*

大豆机械化播种要有科学的应用，尤其是合理选择运用播种机械，才能使大豆苗强、苗壮、高产有所保障。为避免出现缺苗断苗等现象的发生，需要在整地后和播种前期，根据耕地和农艺要求选择恰当的播种方式和适用的播种机械。播种机械应满足以下要求。

①播量符合要求且准确，排种、排肥均匀稳定，穴距及每穴粒数均匀。

②播深符合要求且均匀一致，种子应播在湿土上，用湿土覆盖，无露籽现象，覆土均匀。干旱地区播种后应同时镇压，以利保墒。

③播行直行距一致，地头整齐，不重不漏。

2. *任务步骤分解*

大豆机械化播种作业流程见图 2-2-1。

图 2-2-1　大豆机械化播种作业流程图

二、任务前知识准备

问题 2-2-1：大豆机械化播种方式有几种？

问题 2-2-2：常用大豆播种机械有哪几种，各有什么特点？

问题 2-2-3：气吸式大豆精量播种机主要由哪些结构组成？

问题 2-2-4：气吸式排种器的工作原理是什么？

问题 2-2-5：大豆免耕精量播种机可一次性完成哪几项作业？

问题 2-2-6：电动气吸式大豆播种机与传统播种机主要区别在哪里？

三、任务实施

❖ 步骤 1:选择播种方式

(1)撒播

将种子漫撒于田间地表,然后对种子进行覆盖和压实。此法粗放而简单,种子分布不均,浪费种子,且覆土深度不一,但生产率高,适用于无人机撒播作业(图 2-2-2)。

(2)条播

将种子按一定行距,连续、均匀、成条地播在种沟里,然后进行覆土镇压。如图 2-2-3 所示,此法是常用的一种播种方式,种子分布均匀,覆土深度一致,出苗整齐。

图 2-2-2　无人机撒播作业

图 2-2-3　条播机作业

(3)穴播

穴播又称点播,是将种子按一定行距和株距播在土中,种子成穴分布。图 2-2-4 为大豆覆膜穴播机,穴播可使种子分布均匀、准确、省种,减少间苗工作量。

(4)精密播种

按精确的粒数、间距与播深,将种子播入土中。精密播种可以是单粒种子按精确的粒距播成条行(单粒精播);也可将多余一粒的种子播成一穴,要求每穴粒数相等。如图 2-2-5 所示,使用精密播种机播种可节省种子,减少间苗工作量,但要求种子有较高的田间出苗率并预防病虫害,以保证单位面积内有足够的植株数。

图 2-2-4　大豆覆膜穴播机

图 2-2-5　精密播种机

(5)覆膜播种

播种时在种床表面铺上塑料薄膜，种子出苗后，幼苗长在膜外的一种播种方式，这种方式可以是先播下种子，随后覆膜，待幼苗出土后再由人工破膜放苗；也可以是先覆膜随即在膜上打孔下种，如图 2-2-6 所示。

图 2-2-6　覆膜播种作业

❖ 步骤 2：调整排种量和排肥量

(1)排种量的调整

排种量的调整必须根据规定的公顷排种量，在播种前按农艺要求进行调整。以免耕施肥播种机为例，排种器大多是外槽轮式。排种量的调整方法：一种是大范围调整排种量，即通过更换传动齿轮的大小，改变传动比来实现。另一种是小范围调整，在选好传动比的情况下，通过调整排种槽轮的长度使播量达到要求。

排种量一致性的调整：播种机播种时，每行的排种量必须一致，因此，投入使用前的播种机必须进行排种量一致性的调整。方法如下：将播种机支起垫平，选好适宜的传动比及排种轮工作长度，在种箱内加入种子，转动传动装置使排种器充满种子，清除排出的种子，装上接种袋，并以 20～30 r/min 的转速匀速转动 30 圈。称量每个排种器的实际排种量，称量精度为 0.5 g。计算出每个排种器排种量的平均值，比较各排种器实际排量与平均值的偏差，不得超过 2%～3%。若超标，则应调整单个排种槽轮的工作长度。步骤是：松开排种器两侧的卡箍，轻轻移动槽轮及阻塞套，调到所需位置再将卡箍紧固，然后再做检验，直到符合要求为止。

(2)排肥量的调整

播种机的肥料出口大小调节取决于播种机的类型和品牌。一般来说，调节播种机肥料出口大小需要按照以下步骤进行。

①熟悉播种机说明书　应该熟悉播种机的说明书，了解其肥料调节仪器的位置和操作方法。

②根据肥料种类调节大小　按照肥料的特性和作物的需求，调节肥料出口大小。肥料种类大多数都不相同，因此需要了解每种肥料应该从什么位置调节。

③根据播种深度调节大小　播种机的肥料出口大小还受到播种深度的影响，需要根据播种深度来调整肥料出口的大小。播种深度越浅，肥料出口应该越小，播种深度越深，肥料出口应该越大。

④调节地形和速度　播种机的肥料出口大小还受到地形和播种速度的影响。坡度较大的地形需要肥料出口较小的播种机，播种速度较快的播种机需要肥料出口较大。

❖ **步骤 3**:试播验证

播种机与拖拉机挂接后,不得倾斜,工作时应使机架前后呈水平状态。正式播种前,先在地头试播 10～20 m,观察播种机的工作情况,达到农艺要求后再正式播种。首先横播地头,以免将地头轧硬,造成播深太浅。播种时经常观察排种器、开沟器、笼罩器以及传动机构的工作情况,如产生堵塞、粘土、缠草、种子笼罩不严,及时予以排除。播种机工作时,禁止倒退或急转弯,播种机的提升或降落应缓慢进行,以免损坏机件。作业时种子箱内的种子不得少于种子箱容积的 1/5;运输或转移地块里时,种子箱内不得装有种子,更不可压装其他重物。调整、修理、润滑或清除缠草等工作,必须在车停后进行。

正式开始播种作业前,要对播种机状态做全面检查和调整,根据播种的农艺要求检查开沟器间距、播种深度等参数是否合理,机具前后、左右方向的水平状态是否良好,确认机具状态正常后可将种子和肥料分别装入种子箱和肥料箱,并确保种子覆盖排种盒的入口。检查与调整完成后可进行试播种作业,驾驶员要密切关注播种机运转的状态。试播完成后对试播范围出现的播种质量问题和机具运转问题做进一步调整,确保播种机正常运转,且播种量、播种速度、种子间距、镇压质量、作业直线度等符合标准要求。

❖ **步骤 4**:播种作业

正式播种作业时,驾驶员在起步后要先缓慢行驶并将播种机下落到标准位置后,再逐渐将速度提升到规定的播种速度。在正常播种行驶过程中要保证速度均匀,行驶直线度要满足农艺要求,不可出现速度过快或过慢,也不能忽快忽慢,以保证播种的均匀性和统一性(图 2-2-7)。在作业过程需要转弯或调头时,应先将播种机升起后再操作,以防开沟器堵塞或损坏。同时要严格禁止在播种作业的过程中倒车,以免造成开沟器和排种器等重要结构的损坏。在播种作业的过程中还要密切注意播种机的运转状态,如发现运转异常必须及时处理,以防故障问题加剧。每次播种作业完成后,要对播种机进行细致的清理,清除机具上的泥土和杂物,并将种子箱和肥料箱排净,对种子箱和肥料箱进行清理。做好重要部位的检查工作,查看螺栓、开口销、插销等有无缺失,并检查播种机的运转部位是否缺油,及时补充润滑油和润滑脂。检查开沟器的各个刀刃有无损坏问题,对于损坏或磨损严重的开沟器要及时进行更换。

图 2-2-7　大豆播种作业

四、任务总结评价

➢ 任务完成清单

班级：　　　　　　　　姓名：　　　　　　　　　学号：

任务二　大豆播种作业任务完成清单							
序号	大豆播种作业	是否完成	资源学习（资源序号）	是否完成	完成日期	是否存在疑问	是否解决
1							
2							
3							
4							
5							
6							
7							
8							
9							
10							
11							
12							
13							
14							
15							
学生签名：				指导教师签名：			
任务完成情况自评：（ A B C D E ）				任务完成情况教师评价：（ A B C D E ）			

说明：等级评价为 A、B、C、D、E 五级，在评价的等级符号上圈圈

➤ 任务评价

班级：　　　　　　　　　姓名：　　　　　　　　　学号：

任务二　大豆播种作业任务完成评价单		
评价内容	评价要素	等级评价
信息检索	有效利用网络资源、工作手册查找有效信息	
	能够有条理地解释、表达所学的知识及技能	
	能将检索的信息进行有效转换	
感知工作	熟悉专业、认同职业工作价值	
	在任务完成中收获成就感	
参与状态	能够尊重教师、同学，达成相互理解	
	能够与教师、同学之间保持多向、丰富、适宜的信息交流	
	探究学习，具备一定自主学习能力，善于处理好合作学习和独立思考的关系，做到有效学习	
	能提出有意义的问题或能发表个人见解：能按要求正确实施操作；能够倾听、协作、分享	
	积极参与到任务中，在学习与工作过程中不断学习，综合运用信息技术的能力获得提高	
学习方法	工作计划、操作技能是否符合规范要求	
	是否获得进一步发展的能力	
工作过程	遵守任务操作规程，操作过程符合任务实施管理要求	
	上课出勤情况，任务完成情况	
	能多角度主动发现问题，提出有价值的问题	
思维状态	善于提出问题、分析问题、解决问题；创新意识	
	按时按质完成任务	
自评反馈	较好地掌握专业知识点、技能点	
	具有较强的信息分析能力和理解能力	
	具有较为全面严谨的思维能力，并能条理清晰地表述成文	
任务完成过程中自我成功小故事描述		

说明：等级评价为 A、B、C、D、E 五级

➢ 任务完成过程收获总结

班级： 姓名： 学号： 教师评价等级：

时间： 年 月 日

说明：任务完成收获主要总结表述在完成过程中的学习收获，要阐述清楚有益的经验和做法，字数≥300字，并制作PPT报告，教师评价等级为A、B、C、D、E五级，综合评价文本总结报告、PPT报告两部分内容

任务三　播种机作业后保养封存

一、任务引入

播种机械的运用加快了现代农业的发展，但在作业季结束后如何正确地保养封存播种机械也很重要。农田上随处可见播种机的身影，但是播种作业后，很多播种机随意放置，导致很多农机具的损坏，给农户们的财产造成严重损失。选择良好的封存保养方法，不仅可以提高播种机的使用寿命，而且在下一次作业时能更好地为农户提供服务，节省机具维修的支出。

1. 任务描述

大豆播种机械的封存保养主要注意三个方面。

①作业结束后机具的卫生清理工作要彻底，避免由于长期存放时，机具内剩余的化肥、油污、泥土等杂物对播种机零部件和漆面的腐蚀。

②播种机械作业后的维修保养工作要及时，例如一些轴承、链条、齿轮等易损件在封存前要进行维修和保养，所有需要润滑的点位要逐一润滑、防止生锈导致机械故障。

③选择合适的场地存放播种机械，避免自然环境对播种机械的损伤。阳光暴晒机器、雨水淋机、风蚀都会对播种机械造成损伤。

2. 任务步骤分解

大豆播种机械作业结束后保养封存流程如图 2-3-1 所示。

图 2-3-1　大豆播种机械作业后保养封存流程图

二、任务前知识准备

问题 2-3-1：大豆播种机械作业后应重点清理哪些部位？

问题 2-3-2：大豆播种机械作业后需要保养哪些零部件？

问题 2-3-3：什么样的场地适合播种机械长期封存？

问题 2-3-4：播种机土壤部件应该如何保养封存？

三、任务实施

❖ 步骤 1:作业后机械清理

每班作业结束后,应清除各工作部件上的泥土、秸秆等杂物;对损坏或磨损后不能继续使用的零部件进行修理或更换。各润滑部位应拆开清理,然后再涂上黄油。对土壤工作部件,如施肥圆盘、开沟圆盘、覆土圆盘,应擦净并涂机油,以防锈蚀。种肥箱内的种肥必须清除干净,对肥箱和排肥器要用水冲洗,然后擦干。拆洗输肥管,冲洗干净后放入肥箱内。放松压力弹簧,使之处于自由状态。

❖ 步骤 2:机械封存前保养

播种机械在封存前要进行彻底保养,润滑部位应及时润滑。

①拧紧所有松动的螺母、螺钉,尤其是各个 U 形卡丝上的螺母;检查传动链条的松紧度及磨损情况;查看风机与机架的连接是否牢固,风机皮带的张紧度是否合适。

②升起播种机,转动地轮,检查排肥器总成和排种器情况;消除各种卡滞现象。

③运输时,整机应升到最高位置,划印器要竖起。

④作业结束后,要进行全面的技术状态检查,更换或修复磨损的、变形的零部件;检查各轴承的磨损情况,检查链条的磨损和链轮的转动情况,必要时予以调整或更换。

⑤将排种盘、风机皮带、监控系统拆除,放在干燥阴凉处储存。

❖ 步骤 3:选择封存场地封存

(1)播种机存放方式

①室内存放。将播种机放入存放室内,避免日晒雨淋,可以延长播种机的使用寿命。但是要保证通风良好,防止潮湿。

②露天存放。如果室内空间有限,也可以将播种机放在室外,但一定要选择一个干燥通风的位置。选用遮阳罩将播种机遮盖好,保护播种机不受树叶和树枝的摩擦。

③覆盖存放。将播种机放置在防水布罩下,可以有效地避免阳光、雨、雪等天气的影响,延长播种机的使用寿命。但是要注意避免长时间暴露在高温环境下,否则会影响播种机的黏度和灵敏度。

(2)播种机存放注意事项

①保持播种机的干燥。播种机不允许浸泡在水中或长时间暴露在湿润环境中,否则很容易造成损坏。要记得在下雨前及时收拢遮盖罩,保证播种机的干燥。

②定期润滑。由于播种机是利用机械结构完成作业的,定期润滑是必不可少的。根据播种机的具体情况选用适当的润滑油进行润滑处理。

③保存完好的零配件。播种机的零配件在长期使用过程中经常会发生磨损或者损坏,特别是使用较为频繁的零件。因此,在存放播种机之前最好将配件好好地保存起来。

④保持播种机整洁。播种机存放时间一长,容易引起积尘或者杂物,所以确保播种机的整洁,定期清洗。当机燥时,可以用干布擦拭内部。

总的来说,存放播种机主要是为了延长设备的使用寿命,要合理选择存放方式,并严格按照要求执行妥善的保养和保管,以保证设备的正常运转。

四、任务总结评价

➢ 任务完成清单

班级： 姓名： 学号：

<table>
<tr><th colspan="8">任务三　播种机作业后保养封存任务完成清单</th></tr>
<tr><th>序号</th><th>播种机作业后保养封存</th><th>是否完成</th><th>资源学习（资源序号）</th><th>是否完成</th><th>完成日期</th><th>是否存在疑问</th><th>是否解决</th></tr>
<tr><td>1</td><td></td><td></td><td></td><td></td><td></td><td></td><td></td></tr>
<tr><td>2</td><td></td><td></td><td></td><td></td><td></td><td></td><td></td></tr>
<tr><td>3</td><td></td><td></td><td></td><td></td><td></td><td></td><td></td></tr>
<tr><td>4</td><td></td><td></td><td></td><td></td><td></td><td></td><td></td></tr>
<tr><td>5</td><td></td><td></td><td></td><td></td><td></td><td></td><td></td></tr>
<tr><td>6</td><td></td><td></td><td></td><td></td><td></td><td></td><td></td></tr>
<tr><td>7</td><td></td><td></td><td></td><td></td><td></td><td></td><td></td></tr>
<tr><td>8</td><td></td><td></td><td></td><td></td><td></td><td></td><td></td></tr>
<tr><td>9</td><td></td><td></td><td></td><td></td><td></td><td></td><td></td></tr>
<tr><td>10</td><td></td><td></td><td></td><td></td><td></td><td></td><td></td></tr>
<tr><td>11</td><td></td><td></td><td></td><td></td><td></td><td></td><td></td></tr>
<tr><td>12</td><td></td><td></td><td></td><td></td><td></td><td></td><td></td></tr>
<tr><td>13</td><td></td><td></td><td></td><td></td><td></td><td></td><td></td></tr>
<tr><td>14</td><td></td><td></td><td></td><td></td><td></td><td></td><td></td></tr>
<tr><td>15</td><td></td><td></td><td></td><td></td><td></td><td></td><td></td></tr>
<tr><td colspan="4">学生签名：</td><td colspan="4">指导教师签名：</td></tr>
<tr><td colspan="4">任务完成情况自评：（ A B C D E ）</td><td colspan="4">任务完成情况教师评价：（ A B C D E ）</td></tr>
</table>

说明：等级评价为 A、B、C、D、E 五级，在评价的等级符号上圈圈

➢ 任务评价

班级：　　　　　　　　　姓名：　　　　　　　　　学号：

任务三　播种机作业后保养封存任务完成评价单		
评价内容	评价要素	等级评价
信息检索	有效利用网络资源、工作手册查找有效信息	
	能够有条理地解释、表达所学的知识及技能	
	能将检索的信息进行有效转换	
感知工作	熟悉专业、认同职业工作价值	
	在项目完成中收获成就感	
参与状态	能够尊重教师、同学，达成相互理解	
	能够与教师、同学之间保持多向、丰富、适宜的信息交流	
	探究学习，具备一定自主学习能力，善于处理好合作学习和独立思考的关系，做到有效学习	
	能提出有意义的问题或能发表个人见解；能按要求正确实施操作；能够倾听、协作、分享	
	积极参与到任务中，在学习与工作过程中不断学习，综合运用信息技术的能力获得提高	
学习方法	工作计划、操作技能是否符合规范要求	
	是否获得进一步发展的能力	
工作过程	遵守项目操作规程，操作过程符合项目实施管理要求	
	上课出勤情况，项目完成情况	
	能多角度主动发现问题，提出有价值的问题	
思维状态	善于提出问题、分析问题、解决问题；创新意识	
	按时按质完成项目	
自评反馈	较好地掌握专业知识点、技能点	
	具有较强的信息分析能力和理解能力	
	具有较为全面严谨的思维能力，并能条理清晰地表述成文	
任务完成过程中自我成功小故事描述		

说明：等级评价为 A、B、C、D、E 五级

➢ 任务完成过程收获总结

班级： 姓名： 学号： 教师评价等级：

时间： 年 月 日

说明：任务完成收获主要总结表述在完成过程中的学习收获，要阐述清楚有益的经验和做法，字数≥300字，并制作PPT报告，教师评价等级为A、B、C、D、E五级，综合评价文本总结报告、PPT报告两部分内容

项目总结活动

项目总结活动主要要完成展示任务完成作品、自评、总结心得、PPT学习总结报告等。

➢ 项目完成清单

班级：　　　　　　　　　　姓名：　　　　　　　　　　学号：

<table>
<tr><th colspan="9">项目二　大豆生产机械化播种技术项目完成清单</th></tr>
<tr><th>序号</th><th>项目设计内容</th><th>是否完成</th><th>项目收获总结</th><th>是否完成</th><th>项目评价成功小故事</th><th>是否提炼出重点</th><th>项目完成难点</th><th>是否解决</th></tr>
<tr><td>1</td><td></td><td></td><td></td><td></td><td></td><td></td><td></td><td></td></tr>
<tr><td>2</td><td></td><td></td><td></td><td></td><td></td><td></td><td></td><td></td></tr>
<tr><td>3</td><td></td><td></td><td></td><td></td><td></td><td></td><td></td><td></td></tr>
<tr><td>4</td><td></td><td></td><td></td><td></td><td></td><td></td><td></td><td></td></tr>
<tr><td>5</td><td></td><td></td><td></td><td></td><td></td><td></td><td></td><td></td></tr>
<tr><td>6</td><td></td><td></td><td></td><td></td><td></td><td></td><td></td><td></td></tr>
<tr><td>7</td><td></td><td></td><td></td><td></td><td></td><td></td><td></td><td></td></tr>
<tr><td>8</td><td></td><td></td><td></td><td></td><td></td><td></td><td></td><td></td></tr>
<tr><td>9</td><td></td><td></td><td></td><td></td><td></td><td></td><td></td><td></td></tr>
<tr><td>10</td><td></td><td></td><td></td><td></td><td></td><td></td><td></td><td></td></tr>
<tr><td colspan="5">学生签名：</td><td colspan="4">指导教师签名：</td></tr>
<tr><td colspan="5">项目完成情况自评：(　A　B　C　D　E　)</td><td colspan="4">项目完成情况教师评价：(　A　B　C　D　E　)</td></tr>
</table>

说明：等级评价为A、B、C、D、E五级，在评价的等级符号上圈圈

项目知识问答

大豆播种要确定以下几个方面的内容：

问题 2-1：大豆种植前应做好哪些准备？

问题 2-2：清理秸秆对大豆播种有哪些好处？

问题 2-3：播种设备的检修要达到什么样的技术标准？

问题 2-4：大田大豆的主要栽培技术模式都有哪些？

➢ 项目评价

班级：　　　　　　　　姓名：　　　　　　　　学号：

项目二　大豆生产机械化播种技术项目完成评价单			
评价内容	评价要素	能力提升自评等级	能力提升教师评价
信息检索	有效利用网络资源、工作手册查找有效信息		
	能够有条理地解释、表达所学的知识及技能		
	能将检索的信息进行有效转换		
感知工作	熟悉专业、认同职业工作价值		
	在项目完成中收获成就感		
参与状态	能够尊重教师、同学，达成相互理解		
	能够与教师、同学之间保持多向、丰富、适宜的信息交流		
	探究学习，具备一定自主学习能力，善于处理好合作学习和独立思考的关系，做到有效学习		
	能提出有意义的问题或能发表个人见解：能按要求正确实施操作；能够倾听、协作、分享		
	积极参与到项目中，在学习与工作过程中不断学习，综合运用信息技术的能力获得提高		
学习方法	工作计划、操作技能是否符合规范要求		
	是否获得进一步发展的能力		
工作过程	遵守项目操作规程，操作过程符合项目实施管理要求		
	上课出勤情况，项目完成情况		
	能多角度主动发现问题，提出有价值的问题		
思维状态	善于提出问题、分析问题、解决问题；创新意识		
	按时按质完成项目		
自评反馈	较好地掌握专业知识点、技能点		
	具有较强的信息分析能力和理解能力		
	具有较为全面严谨的思维能力，并能条理清晰地表述成文		
请罗列出项目完成过程中自我成功的小故事			

说明：等级评价为 A、B、C、D、E 五级

➢ 项目完成过程收获总结

班级： 姓名： 学号： 教师评价等级：

时间： 年 月 日

说明：项目完成收获主要总结表述在完成过程中的学习收获，要阐述清楚有益的经验和做法，字数≥300字，并制作PPT报告，教师评价等级为A、B、C、D、E五级，综合评价文本总结报告、PPT报告两部分内容

项目三　大豆生产机械化田间管理技术

项目引入

俗话说“三分种，七分管，十分收成才保险”，可见田间管理在大豆生产中的重要性。大豆的生长过程分为发芽期、幼苗期、花芽分化期、开花结荚期、鼓粒期和成熟期。发芽期：大豆种植后一周左右就可以发芽。幼苗期：进入花芽分化期前是幼苗期。花芽分化期：长出花芽原始体和花蕾。开花结荚期：开花、授粉和结荚，通常在上午开花，花期持续一周。鼓粒期：豆粒缓慢膨胀。成熟期：植株叶片发黄脱落，豆粒含水量减少、逐渐成熟。在生长过程期间做好田间管理，是大豆丰收的坚实基础。

大豆的田间管理，种是基础，管理是关键。根据大豆不同生育期的特性和对环境的不同要求，采取相应的管理措施才能获得高产。大豆田间管理技术提供了一套具体措施，包括间苗、田间中耕、追肥、除草、行间深松、施药防治病虫草害、灌溉、排涝等作业环节，既可单独进行，也可联合作业。

目前，我国大豆生产中田间管理的大部分作业环节已基本实现了机械化，尚有间苗、结合锄草等环节仍有人工操作。

◆ 项目描述

大豆机械化田间管理技术是指播种后至收获前使用农业机械设备进行的田间管理方法。东北平原春大豆区机械化田间管理主要环节包括：A. 苗期垄沟深松，大豆拱土时进行垄沟深松，放寒增温。B. 中耕培土灭草，垄沟深松后 7～10 d，进行第一次中耕培土，有条件的地方可以进行第二次中耕培土。C. 化学除草，根据上一年草相、土壤类型、地块肥力、有机质含量、打药机车特点及当地常年气象等条件，有针对性选择除草时期、除草剂配方及用量，因地、因草施药，确保用药安全，做到减量增效。一般采用苗前、苗后 1～2 次除草控制全生育期杂草发生，苗前封闭除草，苗后茎叶除草。大豆田苗后除草一般在禾本科杂草 3～5 叶期、阔叶杂草 2～4 叶期茎叶喷雾处理，可使用烯草酮、精喹禾灵、高效氟吡甲禾灵、精吡氟禾草灵、烯禾啶等与氟磺胺草醚、灭草松、异噁草松等药剂混配使用。D. 防治病虫害，依据预测预报，当病虫害达到防治指标时，适时采取科学防控措施，避免盲目用药。

大豆施肥应遵循“有机与无机相结合，基肥为主，追肥为辅”的原则。在播种前，通过土壤测试和分析，了解土壤的养分状况，以便为大豆提供合理的养分供给。基肥是大豆生长的基础，有机肥如腐熟的农家肥、堆肥等可以改善土壤结构，提高土壤保水保肥能力；化肥则应根据土壤测试结果和大豆的养分需求，合理选择氮、磷、钾等肥料的比例和用量。

大豆灌溉是指补充大豆生长所需的土壤水分，以改善大豆生长条件的技术措施。由于各地自然和气候条件的差异，大豆对灌水的需求也不尽相同。在湿润地区一般不需要灌溉。在干旱或半干旱地区，则需要根据情况进行灌溉。

项目任务

通过对不同田间管理机械按农艺要求的理论应用，全面掌握大豆全程机械化生产中田间管理的作业技术；通过对深松、田间除草和喷药、灌溉等农艺过程与对应机具的实际运用，系统地掌握不同田间管理机械的作业原理、应用环境及现实作用；同时详知不同田间管理作业机型选定、机具技术状态调整、作业路径选择等田间管理前期工作以及作业后的机具机车保养、入库封存等技术规程，系统掌握大豆生产田间管理机械分类、机械性能及其应用技术。

学习目标

◆ 知识目标

掌握大豆田间管理机械的分类；
了解各种大豆田间管理机械的结构特点；
掌握不同田间管理机械的性能；
熟知大豆生产田间管理机械的使用、维修与保养。

◆ 能力目标

能合理运用高地隙喷药机在大豆田间作业；
会根据农艺要求和机械性能调整化学药剂浓度和使用量；
能正确应用苗间深松、除草机械；
会合理运用喷灌机械；
能正确运用中耕施肥机械。

◆ 素质目标

树立服务三农意识，形成强烈的爱国热情，培养良好的职业道德；
培养良好的农机应用意识，发扬严谨的工匠精神；
培养良好的学习习惯，形成严格自律的自我学习能力；
培养良好的交流、协作意识，形成较强的沟通交流和团队协作能力；
培养良好的信息检索习惯，形成较强的信息检索能力。

项目实施

任务一　田间喷药

一、任务引入

新中国成立初期大豆田间管理手段比较落后，农药使用较少，施药机械主要是手摇背负式喷雾器和手摇背负式喷粉器，用于喷施液态农药和粉状农药，20 世纪 60 年代以后开始使用担架式机动喷雾机，80 年代后多种型式的植保机械被广泛应用，以东方红-18 为代表机型的机动弥雾喷粉机被大量应用，不同型号的牵引式吊杆喷雾机在部分地区示范推广。

21 世纪以来随着智能科技的发展，无人机施洒技术逐渐发展起来，叶面肥的施洒快速向无人机方向发展，农药的施用机械也更是越来越多地被无人机取替。

1. 任务描述

大豆生产要有科学的管理，尤其是除杂草和防病杀虫，才能使大豆高产有所保障。为避免出苗后杂草伴生，需苗前喷施封闭药剂。在下种后，均匀地表喷雾，加以预防，若田间已长有杂草，可在用于封闭的药液中，加入触杀灭生性除草剂，杀死已有杂草。喷施封闭药时一定要掌握好时间、天气和药量，以免产生药害。

2. 任务步骤分解

田间喷药作业的流程见图 3-1-1。

阅读农药使用说明、了解机具 ⇨ 调整机具技术状态 ⇨ 喷施作业 ⇨ 保养封存

图 3-1-1　田间喷药作业流程图

二、任务前知识准备

问题 3-1-1：大豆种植田间施药机械有几种？

问题 3-1-2：大豆种植田间施药的时间有几段？

问题 3-1-3：喷杆喷药机如何使用和调整？

问题 3-1-4：喷杆喷药机如何保养和封存？

问题 3-1-5：高地隙喷药机如何使用和调整？

问题 3-1-6：高地隙喷药机如何保养和封存？

问题 3-1-7：无人植保飞机的作业原理是什么？

问题 3-1-8：无人植保飞机的安全使用注意事项有哪些？

三、任务实施

❖ **步骤 1**：阅读农药的使用说明和了解机械

1. 阅读农药的使用说明

农药说明书由生产厂家依照国家要求的格式及内容撰写，是对农药主要特征的介绍，包括农药的安全性和有效性等重要科学数据、结论及其他相关信息。药品说明书是指导怎样使用药物的依据之一，具有法律效力。在农药使用前要认真阅读农药使用说明书或请教植保技术人员，明确使用方法和使用范围。在农药的使用过程中，说明书指导人们正确保存、调配和使用农药，是指导使用者安全用药的重要依据，用药前正确理解说明书是安全用药的前提。掌握好农药的用法用量是关键，药物的用法主要指喷施的时间；药物的用量，应根据防、治等不同的目的来进行调节。

注：配药和施药时要戴口罩、胶手套，穿着合适的衣物，防止药剂沾染皮肤、眼睛；施药时不要迎风操作，大风和中午高温时应停止施药；施药时不能进食、饮水、吸烟，施药后要及时更换衣服，清洗手脚和可能沾染农药的地方；施用过高毒农药的地方要竖立警示标志，防止人、畜、家禽进入；不要让儿童、病人、“三期”（孕期、哺乳期、经期）妇女施药；施药人员应是身体健康的青壮年。操作人员如有头痛、头昏、恶心、呕吐等症状时，应立即离开施药现场，脱去污染的衣服，漱口，擦洗手、脸和皮肤等暴露部位，及时送医院治疗。

2. 了解机械

大豆田间管理的植保机械有如下几种。

（1）背负式弥雾喷粉机

这是国产小型机动植保机械中生产历史长、批量大、应用广泛的机型（图 3-1-2）。自带动力和风机，可进行弥雾、喷粉等项作业。消耗动力小，机动性好，生产率高，适用性广。国内同类产品有风雷-Ⅰ型、风雷-Ⅱ型、蜻蜓-2.6 型、啄木鸟-2 型、3MF-3 型和 3MF-4 型等。

（2）背负式机动喷雾喷粉机

这是农业部南京农业机械化研究所、临沂农业药械厂、中国农业机械化研究院于 20 世纪 90 年代在原泰山牌 3WF-3 型背负机的基础上研制成功的我国新一代背负式喷雾喷粉机（图 3-1-3）。其主要特点是风机效率高，风压、风量及整机噪声、射程等性能指标优于日本同年代同类产品，且机具功率大、功率调节范围宽。

图 3-1-2 东方红-18 型背负式弥雾喷粉机

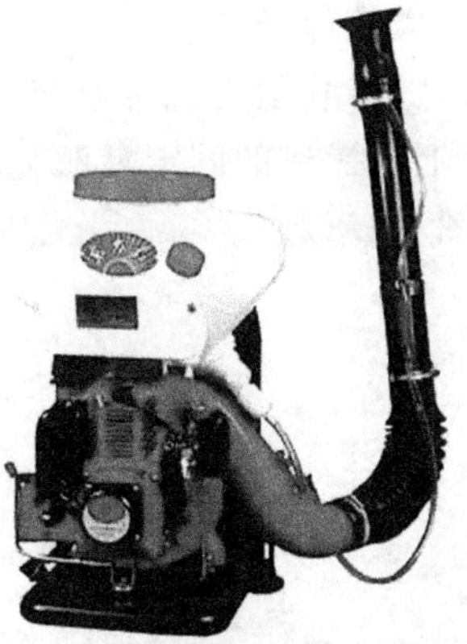

图 3-1-3 3WF-2.6 背负式机动喷雾喷粉机

(3)背负式超低量弥雾喷粉机

超低量弥雾技术具有以下优点：自带动力和风机，能将细微雾滴吹送至远处分布，可喷施高浓度油剂农药而不用水，节约农药，提高了农药利用率，防治效果好，成本费用低，适应性广，减少了环境污染，劳动强度低，工作安全可靠。该机具还有震动小、噪声低的特点。这种机具能进行超低量弥雾、喷粉、喷施颗粒农药、化肥，并能撒播小颗粒草籽等。适合山区干旱地区使用。药箱容量 11 L，净重 14.5 kg，生产率 3.3～6 hm^2/h。超低量喷雾器主要用于大豆生长后期防虫、防病、叶面追肥、植物激素等药液的喷洒。

(4)机动型植保喷雾机

这是为小四轮拖拉机配套的机具，能喷射各种激素、液态肥、乳剂、乳油、胶悬剂、可湿性粉剂、除草剂。结构简单，操作方便，可以多行作业，宽度可调，适用于全面喷洒，苗带喷洒，进行播前、苗前土壤处理和灭草及病虫害防治。喷幅宽 6 m，采用刚玉瓷狭缝式喷嘴、ZMB80 隔膜泵，班次生产率大于 2 hm^2。与小四轮配套的喷杆式喷药机主要用于喷洒除草剂，苗期喷洒防虫、防病药剂。

(5)大中功率拖拉机牵引或悬挂式喷雾喷粉机

配备有高压液泵和风机，由拖拉机动力输出轴驱动，具有长喷杆、吊挂喷杆、薄膜喷粉管以及果园喷枪等喷洒部件，可以进行液态农药、除草剂喷洒作业，也可喷施可湿性粉剂。适用于旱地大田作物及果树病虫草害防治。国内老产品有 WU-12 悬挂式喷雾机、3W-650 型喷雾机、3W-2000 型牵引式喷雾机、3WM-10-650 型悬挂式喷雾机等。国内新产品有 24 m 风幕式大型喷杆喷雾机、大田风幕式防飘喷杆喷雾机、3WD-800 型风送式多功能远程喷雾机、3WQX-1300 型风幕式喷杆喷雾机等。新产品应用了风幕防飘技术，采用气力辅助喷雾，减少药液飘移，提高药液在作物上的附着率，可节约农药施用量 20%～30%。

(6)自走式高地隙喷杆喷雾机

在高地隙自走底盘上装备有液泵、喷杆、喷头等组成的喷雾系统及由液压驱动的风机、风管等组成的风幕系统。喷雾压力及喷雾量可调。沿喷幅方向布置的风幕装置有利于防止和减少细小雾滴的飘移，同时可以提高雾滴在作物丛中的穿透能力，增加雾滴的附着率，提高防治效果。适用于大豆等中耕作物的病虫害防治及化学除草。这类产品国外有 John Deer 4720 自走式喷杆喷雾机(图 3-1-4)、巴西 2000 型自走式喷杆喷雾机(图 3-1-5)、凯斯自走式喷杆喷雾机(图 3-1-6)等。

(7)飞行类植保设备

近年来,随着我国飞机行业和无人机行业的快速发展,飞行类直播设备逐渐普及,主要有需要飞行员上机操作的固定翼航化喷药飞机(图 3-1-7),不需要飞行员上机操作的多旋翼无人植保飞机(图 3-1-8)。

图 3-1-4 John Deer 4720 自走式喷杆喷雾机

图 3-1-5 巴西 2000 型自走式喷杆喷雾机

图 3-1-6 凯斯自走式喷杆喷雾机

图 3-1-7 固定翼航化喷药飞机

图 3-1-8 多旋翼无人植保飞机

❖ **步骤 2**:检查调整喷药机技术状态

(1)背负式喷药机械与拖拉机三点机构的挂接

将拖拉机开到便于机器挂接的位置,先将拖拉机悬挂装置的三个悬挂点与机器相对应的悬销连起来,并将悬挂销锁定,再调整中心拉杆长短,将整机升至工作位置时,使机器立柱与地面垂直,如图 3-1-9 所示。根据需要确定拖拉机是否加前配重铁(自走式喷药机无此操作)。

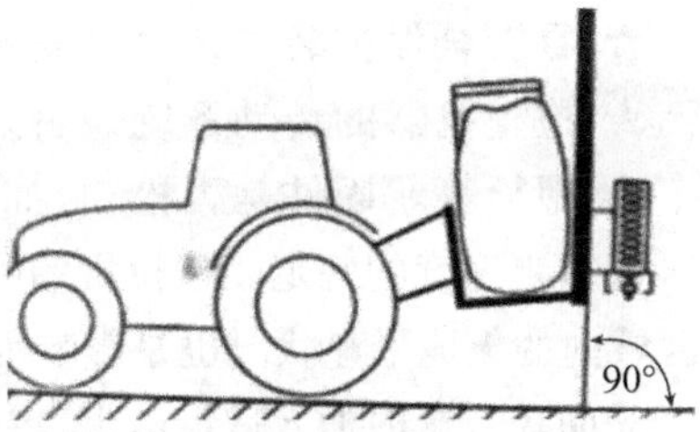

图 3-1-9 背负式喷药机械与拖拉机挂接示意图

(2)液压管路与拖拉机的连接

背负式喷药机械需要液压管路连接,连接液压管路时要十分小心,应把拖拉机的液压系统减压。当液压系统在高温下工作时,小心被烫伤。连接液压管时,合理安排液压供油管路,避免其接错接反。其程序是先将液压管路从机器的固定处取出;然后把液压管路输入端与输出端的快换接头与拖拉机的液压输出对应相接,喷杆升、降接对应一路;喷杆伸展、折叠对应一路。最后启动拖拉机,慢慢操作液压分配器操纵杆,判断油路连接是否正确,待正确后记清喷杆的升、降、伸展、折叠操作,防止作业中因误操作而损害机器及伤人(自走式喷药机无此操作)。

(3)液泵与拖拉机的连接

将传动轴分别与液泵和拖拉机的后动力输出轴连接,并用销轴锁定,然后将拖拉机后输出轴转速调整为 540 r/min。连接时应特别注意两者之间的最短距离,传动轴长时可将液泵后移或截断传动轴,并保持传动轴内外套管留有一定的不重合量,防止顶坏液压泵。安装传动轴时应注意两端十字轴位置的一致性。将防护罩上的链子固定在机架上,防止防护罩随意随轴转动(自走式喷药机无此操作)。

(4)作业前的基本检查

首先检查所有连接部位的螺栓有无松动,如有则必须拧紧;其次检查机器的润滑情况,向传动轴及各运动部位加注足量润滑油、润滑脂。最后检查机器上有无遗忘工具及异物,将工具收起,异物清除。

(5)试运转

①喷杆的升、降、伸展与折叠。喷杆的提升与伸展:启动拖拉机,将机器提升至工作位置,按液压油管所接顺序慢慢操纵液压分配器的提升杆,将喷杆提升,待喷杆的固定套脱离机架后,为使喷杆伸展时不碰地面,此时将喷杆展平直后,检查中间喷杆处平衡油缸是否升起,若没有升起,操纵液压分配器的伸展杆,加压使之升起,然后检查平衡油缸的平衡情况和水平情况。若不平衡,在喷杆臂上加载或减少配重块,使喷头地面之差最大不超过 10 cm。若不水平,调整拖拉机三点悬挂的中心拉杆,使之与地面水平。喷杆的折叠和挂牢与其伸展操作相反。只有喷杆升、降、伸展、折叠正常后方可下地作业。

②喷雾系统的试运转。机器作业前,加注清水,分别用小、中、大油门试运转 15 min,依次检查下面内容。

★ 检查系统的密封性,是否有跑、冒、滴、漏现象;

★ 检查系统的压力是否正常,系统工作压力应控制在 0.2～0.5 MPa,最高压力≤0.6 MPa;

★ 在作业压力下喷雾,观察各喷头的雾流形状,如有明显的流线或歪斜应更换喷嘴;观察回流搅拌情况,搅拌器是否处于搅拌状态;

★ 检查加水、加药、喷药、搅拌、清洗各控制开关是否正常；

★ 看安全保护装置是否已安装好；

★ 检查机器的传动系统是否运转平稳，有无刮碰、异常声音；

★ 螺栓等紧固件是否松动，如松动要重新旋紧。

③行走速度的确定。拖拉机的喷雾行走速度，应根据实际作业情况。首先测定喷头流量，但作业区域内的土地平整状况也是影响因素。一般喷雾速度在 3～8 km/h。

先向药液罐内加入适量清水，将开关 A、B、F 置于“喷药”位置（详见作业过程中的使用与调整），给系统加压，观察雾化情况和压力表，一般工作压力在 0.2～0.5 MPa。此时接取一个喷头 1 min 的喷量，可用称重法确定喷量（1 L=1 000 g），乘以喷头数 n 便是全喷幅每分钟的实际喷量。此时的压力指数及喷量是一项重要数据，据此可参考《作业速度计算公式》制定出机组行走速度。

作业速度计算公式： $V=\frac{Qn}{B\times A}\times 667$

式中：V—作业速度（m/min）；

Q—单个喷头每分钟的喷量（L/min）；

A—每亩施药量（L/亩）；

B—喷雾机的喷幅，m；

667——亩的面积，m^2；

n—喷头数。

改变行走速度、喷雾压力、喷头大小，均可使每亩施药量改变。用户可根据具体情况灵活掌控。更换喷头时应选用正规厂家的产品，以免造成损失。喷头必须是同一厂家、统一型式、同一标号的喷头，并在作业前实测其喷量，以确定单位面积的施药量。

注意：拖拉机行走速度的改变依靠挡位的更换，不可靠油门大小控制速度，油门应保持恒定。

❖ 步骤 3：实施喷药作业

（1）加水

向药液箱加水时，若有外动力水源，则直接从上加水口处加入；若无外动力水源，则用喷药机自身独立的加水系统将水打入药箱，具体操作如下。

①将吸水带一端与喷药机加水口相连接，另一端与水源相连接，或将吸水头放入水中，避开水草杂物确认吸水头完全浸入水面以下，水浅时应适当改变浮球绳的长度，防止吸水头沉入泥中，注意吸水管路不能进气。

②将阀门 A 置于“加水”位置，阀门 B 置于“加水加药”位置，起动拖拉机转动隔膜泵，向药液箱加水。注意向药液箱内吸水时，吸程要低于 4 m。

（2）配药溶药

在向药液箱加水的同时进行配药溶药。药液箱加水的同时，将阀门 A 置于“加水”位置，向溶药箱内放入适量水，再将所需药品倒入溶药箱溶解，待药液箱水加注至一半左右，将阀门 B 置于“加水加药”、阀门 E 置于“加水”位置，将所溶药液吸入。待溶药箱内药液洗净后，再将阀门 B 置于“加水加药”位置，阀门 E 置于“清洗药杯”位置，将空药瓶嘴向下套于箱内的清洗喷头上，轻轻向下按压 3～5 s，对药瓶进行清洗，减少残液对环境的污染。再按上述操作往溶药箱中加清水对箱壁进行清洗。最后，将清洗的残液按上述加药操作吸入药液箱。

注意:溶药前先检查溶药箱底残液排放阀是否关闭,可边加水边溶药,此过程中阀门 B 始终处于“加水加药”位置。

(3)搅拌

观察液位指针,待加注至所需容量后,先停泵,再将阀门 B 置于“喷药”位置,阀门 A 置于“加药”位置,阀门 C 置于“搅拌”位置,可根据药剂的不同选择搅拌量大小,顺时针旋转 C 阀门手柄,搅拌量变大,反之,变小,起动液泵开始搅拌。一般,喷药前搅拌量较大,喷药中搅拌量较小。

彻底和仔细地搅拌农药是喷雾机作业的重要步骤之一。搅拌不匀将造成药量不均匀。对于可湿性粉剂一类农药,要一直搅拌到一箱药液喷完为止。注意在作业后要先停泵再进行其他操作。

(4)喷药

机组行至作业地点,确定作业路线时应观察有无障碍物,如树木、电杆、沟坎等,作业区域的坡度情况也应引起重视。

在地边空旷区域先将喷杆展开,调整喷杆高度,使喷头距目标物的距离为 500 mm;再查看阀门 A 是否处于“加药”位置、阀门 B 是否处于“喷药”位置,若阀门 B 置于“加水加药”位置,则药液直接流回药箱;最后根据作业情况依次打开喷杆分配器开关。拖拉机根据预定档位、油门、匀速前进,此时,根据喷杆分配值,顺时针旋转,压力增大,喷药量增大,反之,压力减小,喷药量减小。一般,喷药量的大幅度调整时,调整阀门 H,微量调整时,则调整阀门 G,同样顺时针旋转,喷药量增大,逆时针旋转,喷药量减小。每个喷药嘴的喷药量则由其所在路的调压阀单独调整,使每一个喷药嘴的喷药量相同。作业时应注意:喷药前若无法确定喷杆分配器处于调压阀所处状态,应将其逆时针旋转至喷药量最小(此时药液回流至药箱),以免压力过高损害机具。

❖ 步骤 4:清理和保养机器,封存

(1)清洗

喷药机在每喷洒一种农药之后、喷雾季节结束后或在修理喷雾机前,必须仔细地清洗喷药机。喷药机外表要用肥皂水或中性洗涤剂彻底清洗,并用清水冲洗。坚实的药液沉积物可用硬毛刷刷去。用过有机氯农药后,用醋酸代替肥皂清洗。最后,泵吸肥皂水通过喷杆和喷头加以清洗,具体操作如下。

先向清洗箱内加入清洗液,再将阀门 A 置于“清洗”位置,阀门 B 置于“喷药”位置,(阀门 A 与阀门 B 位置在机器上有标注)喷杆分配器开关全部打开,其余开关全部关闭,启动液泵,对药液箱及喷雾系统进行清洗。若仅清洗药液箱,需将喷杆分配器开关全部关闭。

(2)残液的排放

清洗完毕后,将阀门 A、E 置于“残液排放”位置,将罐内及系统内残液排放于田间凹坑内掩埋,严禁向河流湖泊排放。

(3)保养、封存

每年度作业结束后,要彻底清洗机具及喷雾系统,除残液、泥土等杂物,并擦拭干净。

掉漆部件涂漆,检修并更换失效的零件。各需要润滑的部位注足润滑油、润滑脂。机器存放在干燥通风的机房内,露天存放必须用苫布罩严,不得水浸雨淋。寒冷地区冬季存放,需将隔膜泵及喷雾系统残液全部放净,且加注防冻液后存放,以防冻裂隔膜泵及管路等部件。

四、任务总结评价

➢ 任务完成清单

班级：　　　　　　　　　　姓名：　　　　　　　　　　学号：

任务一　田间喷药任务完成清单							
序号	田间喷药	是否完成	资源学习（资源序号）	是否完成	完成日期	是否存在疑问	是否解决
1							
2							
3							
4							
5							
6							
7							
8							
9							
10							
11							
12							
13							
14							
15							
学生签名：				指导教师签名：			
任务完成情况自评：（ A B C D E ）				任务完成情况教师评价：（ A B C D E ）			

说明：等级评价为 A、B、C、D、E 五级，在评价的等级符号上圈圈

➢ 任务评价

班级：　　　　　　　　　　姓名：　　　　　　　　　　学号：

任务一　田间喷药任务完成评价单		
评价内容	评价要素	等级评价
信息检索	有效利用网络资源、工作手册查找有效信息	
	能够有条理地解释、表达所学的知识及技能	
	能将检索的信息进行有效转换	
感知工作	熟悉专业、认同职业工作价值	
	在项目完成中收获成就感	
参与状态	能够尊重教师、同学，达成相互理解	
	能够与教师、同学之间保持多向、丰富、适宜的信息交流	
	探究学习，具备一定自主学习能力，善于处理好合作学习和独立思考的关系，做到有效学习	
	能提出有意义的问题或能发表个人见解；能按要求正确实施操作；能够倾听、协作、分享	
	积极参与到任务中，在学习与工作过程中不断学习，综合运用信息技术的能力获得提高	
学习方法	工作计划、操作技能是否符合规范要求	
	是否获得进一步发展的能力	
工作过程	遵守任务操作规程，操作过程符合任务实施管理要求	
	上课出勤情况，任务完成情况	
	能多角度主动发现问题，提出有价值的问题	
思维状态	善于提出问题、分析问题、解决问题；创新意识	
	按时按质完成任务	
自评反馈	较好地掌握专业知识点、技能点	
	具有较强的信息分析能力和理解能力	
	具有较为全面严谨的思维能力，并能条理清晰地表述成文	
任务完成过程中自我成功小故事描述		

说明：等级评价为 A、B、C、D、E 五级

➢ 任务完成过程收获总结

班级：　　　　　　　　姓名：　　　　　　　　学号：　　　　　　　　教师评价等级：

时间：　　年　　月　　日

说明：任务完成收获主要总结表述在完成过程中的学习收获，要阐述清楚有益的经验和做法，字数≥300 字，并制作 PPT 报告，教师评价等级为 A、B、C、D、E 五级，综合评价文本总结报告、PPT 报告两部分内容

任务二 机械化中耕深松

一、任务引入

由于早春温度低，大豆出苗后及时中耕松土，可以提高土温，有利根系下扎，促进幼苗生长健壮，同时有益于土壤微生物活动，加速有机质的分解，提高土壤有效养分，改善营养条件。中耕还有利于调节水分，防旱保墒，促进大豆生长。中耕对防除杂草也有一定的效果。有时在中耕过程中，同时能进行下一环节的追肥作业，补充大豆生长所必需的养分。

1. 任务描述

机械化中耕深松，应在六月下旬至七月上旬进行(我国幅员辽阔，因区域不同时间会有差异)，一定要注意土壤的墒情，持续干旱地块不宜深松。深度以打破犁底层为宜，一般 30～50 cm。深松作业时，机车速度不能过快，否则，容易造成土块或勃土条甩压苗带，同时也会造成土壤松动过大透风，损伤根系生长。中耕深松必须要碎土镇压。

注：等距离种植模式一般不进行苗期深松。

2. 任务步骤分解

中耕深松作业流程见图 3-2-1。

图 3-2-1 中耕深松作业流程图

二、任务前知识准备

问题 3-2-1：大豆种植中耕的作用是什么？

问题 3-2-2：大豆种植中耕的机械是什么？

问题 3-2-3：大豆种植中耕选择什么型铲？

问题 3-2-4：大豆种植中耕需要调整什么？

问题 3-2-5：大豆种植中耕需要注意什么？

三、任务实施

❖ **步骤 1**：检查调整中耕深松机技术状态

大豆的苗期中耕深松作业，在作业前要检查各部件是否齐全，有无变形或损坏，各螺栓、螺母是否坚固；检查各调整机构是否灵活可靠，必要时应再调节。工作部件磨损严重时必须更换，否则影响深松质量。

将深松机与拖拉机三点悬挂相连接，调整限位链或限位杆使左右下拉杆左右摆动，以不碰到轮胎为宜。在工作状态下，应与地面保持平行。如不平行，需调整上拉杆保持与地面平行。整体调整完成后，要进行以下的单体调整。

①犁踵的调整　工作时，若犁踵不着地，应将固定螺丝松开，后移一个孔位，使犁踵着地。

②护苗器调整　通过改变护苗板左右支板固定的销孔来调整护苗带的宽窄，调整时应保持两支板固定的销孔位置相对应，以免使护苗板偏向一侧；护苗板高度的调整是通过护苗板支板上的孔和护苗板转动架上的孔的调整来完成的，向上移则护苗板升高，向下移则护苗板降低；护苗板前后位置的调整可移动固定在犁辕上的护苗板转动架进行调整。

③深松关键部件的选择　大豆中耕时，第一遍中耕选用铧溜子（小号铧子），且不带分土板；第二遍时用中号铧子，分土板开度调至中间位置；第三遍时用大号铧子，分土板视覆土情况而定，覆土过多则开度调小，反之调大。

❖ 步骤 2：实施中耕深松作业

大豆生产所用中耕机有以下不同的类型，但其调整大同小异。下面通过了解适合大豆生产的中耕机类型、结构和原理，来完成实施深松、追肥作业的任务。

适用于大豆种植的中耕机械按拖拉机挂接方式划分，有牵引式和悬挂式；按作业类型划分，有全幅中耕机、行间中耕（追肥）机、通用中耕机等；按工作部件型式划分，有铲式中耕（追肥）机、旋转式中耕（追肥）机、杆式中耕机等；按作业行数分，有二行、四行、六行、八行、十二行、十三行、十四行、十五行、十六行等。

1. 全幅中耕机

牵引式全幅中耕机多为大型宽幅中耕机，机架采用液压折叠，便于运输。各类型悬挂式全幅中耕机的结构基本相同，比牵引式结构简单。这类中耕机不翻耕表土，将铲除的杂草和作物的残茎落叶覆盖于地表，可防止水分蒸发和水土流失。

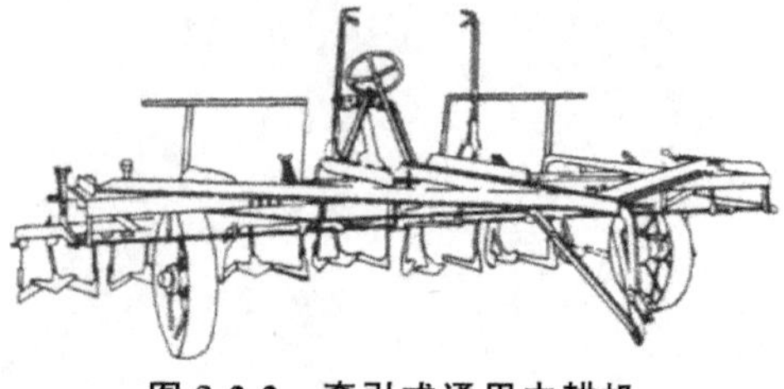

图 3-2-2　牵引式通用中耕机

2. 通用中耕机

这种机型既可用于全幅中耕也可用于行间中耕及横向株间中耕作业，故称通用中耕机。如图 3-2-2 所示，工作部件包括单翼铲、双翼铲和凿形松土铲三种。锄铲组铰接在机架横梁上，可适应地形。全幅中耕时，工作幅宽可达 4.5 m，耕深可在 6～16 cm 范围内调节。

3. 中耕追肥机

(1)行间中耕追肥机

行间中耕追肥机的结构特点是可根据机架宽度按不同作业需要配置各种工作部件，或将有关工作部件安装在通用机架上。

大豆行间中耕追肥机根据工作部件的特点可分为直线运动的铲式和旋转式行间中耕机。

行间中耕机多为悬挂式，有拖拉机前悬挂、后悬挂和轴间悬挂三种。目前，我国广泛应用的是后悬挂式行间中耕追肥机。这类行间中耕追肥机结构简单，节约钢材，转向灵活方便，对行距适应性良好，可减少伤苗率。其种类较多，结构大致相同，一般由单梁、悬挂架、支持轮、锄铲组、追肥机构和液压升降机构等组成。锄铲组多采用四连杆仿形机构，以保持入土稳定性。根据不同行距和作业要求，轮距应能调整，土壤工作部件可配置单翼铲、双翼铲、松土铲、施肥开沟器或培土器。有些用于窄行距的中耕机设有操向装置，可缩小护苗带宽度。一般悬挂式行间中耕机不仅可用于大豆的行间松土、锄草，更换工作部件后，还可进行深中耕、培土、开灌溉沟和追施化肥等作业。我国产量较大、使用较广的 2BZ-4(6)型通用机架中耕追肥机，如图 3-2-3 所示。

图 3-2-3　2BZ-4(6)型通用机架中耕追肥机

(2)垄作中耕追肥机

东北垄作地区常使用的垄作中耕追肥机如图 3-2-4、图 3-2-5 所示，是功率为 96～118 kW 拖拉机配套的大型悬挂式机具，有快速挂接装置，运输时，转换成侧向牵引。该机主梁采用异型钢管，解决了宽幅机具的刚度问题。为保证行间作业时横向稳定性、不伤苗，在主梁的两端对称配置圆盘平衡器。仿形机构上拉杆设有独特的偏心套，可微调其长度，使土壤工作部件呈水平状态。该型机具宽幅、高效，适用于新疆、东北大地块作业。排肥器均为外槽轮式，以排施颗粒或晶状化肥为主，具有结构简单，质量轻，排肥量控制准确，调整容易，性能可靠，故障少的特点。随着种地习惯的改变，加之近年来生物肥、有机肥的应用使施肥量加大，每公顷最多可施有机颗粒肥 750 kg，这样就出现了大排肥量排肥器。排肥开沟器目前以窄幅锄铲式居多，主要特点是开沟窄，工作阻力小。

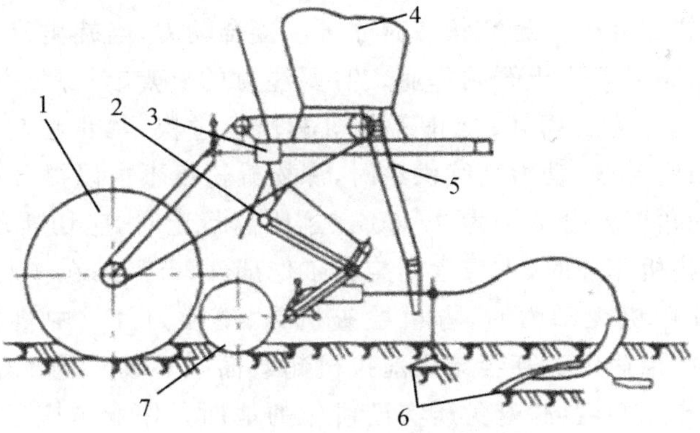

图 3-2-4　垄作中耕追肥机

1. 地轮　2. 多杆双自由度仿形机构　3. 机架　4. 肥箱
5. 输肥管　6. 工作部件　7. 仿形轮

图 3-2-5　大型中耕追肥机

4. 旋转中耕机

驱动旋转式行间中耕追肥机简称旋转中耕机，其工作部件由拖拉机动力输出轴驱动，耕深为 8～12 cm，主要特点是碎土性能好，灭草率高，耕后地表平整。适用于黏重土壤灌溉后板结地、过湿或过干、杂草过多的田间。除用于作物行间中耕外，还可用于间套作田间破麦茬或进行绿肥埋青作业。

旋转中耕机与拖拉机的连接方式有悬挂式和牵引式两种，以悬挂式为多。我国研制的 3ZX 系列产品如图 3-2-6 所示。由机架、支持轮、变速箱、传动轴护罩、中间传动箱、肥箱、旋转刀辊、钢球式斜传动刀盘、除漏耕装置等组成。

图 3-2-6　3ZX-5 旋转中耕追肥机

旋转中耕机在工作之前，要检查旋耕刀的刀刃方向，避免装反；检查旋耕刀销轴和万向节锁销是否牢靠，确认无误后方可正常使用。发动拖拉机时，应确保机具离合器操作手柄处于分离位置。要保证机具提起并处于悬空状态时才可以接合动力，当旋耕刀达到额定转速后，将深松旋耕机缓慢降下，使旋耕刀入土开始作业。需要注意的要点有：禁止旋耕刀先入土后起步，防止对旋耕刀及相关部件造成损坏；禁止下降机具速度过快；禁止在旋耕刀入土后倒退和转弯，保证安全作业。田间转弯、动力连续供给时，深松旋耕机不可以提升过高，升降时要降低发动机转速，万向节传动角度安全范围为 0～30°。远距离行走时，应切断动力，将旋转中耕机提升至较高处。深松旋耕机作业时，人应远离旋转工作部件，严禁站在作业机械的后方，避免"飞刀飞石"伤人。只有在停机无动力时，方可检查机具、更换刀片。中耕机作业速度要求：2～3 km/h 最佳，应注意如果速度过高会导致拖拉机超载而损坏动力输出轴。调整拖拉机轮距，保证在旋转中耕机的作业幅度内，避免压实已耕作的地面。作业中应经常注意旋耕刀轴的清理，避免由于杂草缠绕造成机具负载过大。

❖ **步骤 3：**清理机械和保养封存

维护保养是确保机具正常运转、提高功效、延长使用寿命的重要措施。当季作业结束后，应及时清理机具上的泥土、缠草、夹茬，及时更换损坏、变形的零件，彻底清除机具的油泥，表面涂油漆，以防锈蚀。向万向联轴节轴承部位、刀轴端部轴承部位及各活动部位加注黄油；检查、拧紧各连接螺栓、螺母；检查各部位的插销、开口销有无缺损，必要时更换新件；检查有无漏油现象，必要时更换纸垫或油封；检查万向节是否因滚针磨损而松动，当有泥而致扳动不灵活时应拆开，清洗后装好并补足黄油；检查传动系统各部位轴承、油封，若失效，则应拆开清洗更换新件，加足润滑油。机具最好停放于室内或棚子下，并做好防晒、防雨、防潮措施。

四、任务总结评价

➢ 任务完成清单

班级：　　　　　　　　　　　姓名：　　　　　　　　　　　学号：

任务二　机械化中耕深松任务完成清单							
序号	机械化中耕深松	是否完成	资源学习（资源序号）	是否完成	完成日期	是否存在疑问	是否解决
1							
2							
3							
4							
5							
6							
7							
8							
9							
10							
11							
12							
13							
14							
15							
学生签名：				指导教师签名：			
任务完成情况自评：（ A B C D E ）				任务完成情况教师评价：（ A B C D E ）			

说明：等级评价为A、B、C、D、E五级，在评价的等级符号上圈圈

➢ 任务评价

班级：　　　　　　　　姓名：　　　　　　　　学号：

任务二　机械化中耕深松任务完成评价单		
评价内容	评价要素	等级评价
信息检索	有效利用网络资源、工作手册查找有效信息	
	能够有条理地解释、表达所学的知识及技能	
	能将检索的信息进行有效转换	
感知工作	熟悉专业、认同职业工作价值	
	在任务完成中收获成就感	
参与状态	能够尊重教师、同学，达成相互理解	
	能够与教师、同学之间保持多向、丰富、适宜的信息交流	
	探究学习，具备一定自主学习能力，善于处理好合作学习和独立思考的关系，做到有效学习	
	能提出有意义的问题或能发表个人见解；能按要求正确实施操作；能够倾听、协作、分享	
	积极参与到任务中，在学习与工作过程中不断学习，综合运用信息技术的能力获得提高	
学习方法	工作计划、操作技能是否符合规范要求	
	是否获得进一步发展的能力	
工作过程	遵守任务操作规程，操作过程符合任务实施管理要求	
	上课出勤情况，任务完成情况	
	能多角度主动发现问题，提出有价值的问题	
思维状态	善于提出问题、分析问题、解决问题；创新意识	
	按时按质完成任务	
自评反馈	较好地掌握专业知识点、技能点	
	具有较强的信息分析能力和理解能力	
	具有较为全面严谨的思维能力，并能条理清晰地表述成文	
任务完成过程中自我成功小故事描述		

说明：等级评价为 A、B、C、D、E 五级

➢ 任务完成过程收获总结

班级： 姓名： 学号： 教师评价等级：

时间： 年 月 日

说明：任务完成收获主要总结表述在完成过程中的学习收获，要阐述清楚有益的经验和做法，字数≥300字，并制作PPT报告，教师评价等级为A、B、C、D、E五级，综合评价文本总结报告、PPT报告两部分内容

任务三　大豆机械化灌溉

一、任务引入

大豆是需水较多的作物，从种子萌发、出苗到成熟的整个生育过程除了苗期应适当控制土壤水分进行蹲苗外，自拔节至成熟，都必须适当地满足大豆对水分的要求，才能保证其正常的生长发育。因此，降水量少或干旱无雨季节的田间持水量不能满足大豆生长发育需要，势必影响大豆的正常生长发育，进而影响大豆的产量和品质。所以应根据当地的降水情况和土壤墒情通过灌溉及时补充水分，给大豆的各个生育阶段创造一个适宜的土壤墒情，再配合其他栽培技术措施，才能实现大豆的高产稳产。

大豆的灌溉主要有三个时期：第一个时期是拔节期。拔节期雄、雌穗开始分化，这个时期气温高、耗水量大，要求有充足的水分供应。土壤水分以保持在田间持水量的70%～75%为宜。此时灌溉有利于叶面积增大，增强光合作用和干物质积累，促进果穗增长，增加穗长与籽粒数。第二个时期是抽雄开花期。此时大豆对水分反应甚为敏感。土壤水分保持在田间持水量的70%～80%为宜，是大豆需水的临界期。满足这个阶段的水分供应，可促进光合作用、增强干物质积累以及营养物质向籽粒中运转。抽雄开花期内灌水可以提高株间湿度，增强花粉的生命力，缩短雌、雄穗出现时间的差距，有利于授粉。第三个时期为灌浆期。要求土壤水分保持在田间持水的75%左右。灌浆期内及时灌水对促进有机营养向果穗运转有明显效果。

1. 任务描述

大豆生产的灌溉方式主要有四种。

①沟灌。先在大豆行间开沟，然后将水引入沟内。优点是减少了水流与地表的接触面，减轻了土壤团粒受水力破坏的程度，因而大豆根部土壤疏松、通气性好，有利于大豆生长发育。这种方法一般在拔节后采用，拔节后在田间管理上常随追肥进行培土，使大豆行间自然形成了沟。为了控制水量以及防止灌后造成倒伏，常采用隔沟灌或半沟灌。

②畦灌。比大水漫灌容易控制水量，能减少地表板结和肥料的流失。优点是可依地势的高低与地面的大小，决定畦的大小。这种灌溉方法一般是在播种前及苗期采用。

③喷灌。即统称的人工降雨灌溉，是以压力将水经喷管和喷头喷向空中，使灌溉水像降雨一样均匀地落在大豆和地面上，靠水浸润土壤供水。优点是减少了灌溉水对土壤的冲刷，避免土壤板结。喷灌用水量可以随意控制，比地面灌溉要节省15%～30%的用水量。

④滴灌。是地下灌溉发展的一种新型灌溉方法。它是利用低压管道系统，使灌溉水滴缓慢地经常地浅润根系区域。它是借助于土壤毛细管作用，由地下上升到大豆根系分布层，供大豆生长发育的需要。它可以按大豆需水量供水，能更好地节约用水量，促进大豆生长和提高产量。

2. 任务步骤分解

机械化灌溉的流程见图3-3-1。

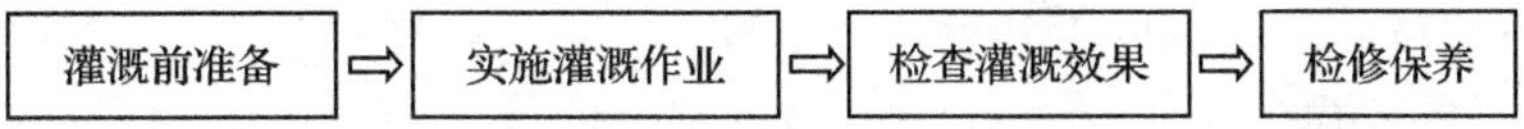

图 3-3-1　机械化灌溉流程图

二、任务前知识准备

问题 3-3-1：大豆种植的机械化灌溉方式有几种？

问题 3-3-2：大豆种植灌溉机械有哪几类？

问题 3-3-3：灌溉机械应如何维护和保养？

问题 3-3-4：灌溉机械与其他的作业机械有哪些区别？

问题 3-3-5：大豆种植的灌溉未来发展方向是什么？

三、任务实施

❖ 步骤 1：灌溉前准备

首先，需要了解地形和土壤类型。地形和土壤类型对喷灌系统的设计和操作方法具有重要影响，因为它们会影响泵站和灌溉系统的放置位置和灌溉水的流程。如果耕地的地形较平，可以采用同一高度的喷头进行灌溉。如果地势较陡峭，则需要在斜坡上安装多个喷头，以确保整个水坡覆盖。

其次，需要确定大豆的品种和种植密度。不同的品种和种植密度需要不同数量和类型的喷头，喷灌行走轮间距可以根据栽培技术和土壤质量进行调整。

最后，需要选择并准备好所需的喷灌设备和灌水泵。灌溉设备的选择需要根据每个农田的大小和形状确定。同时，应该选择有良好质量的喷头、连接配件和水泵，以确保喷灌系统运行平稳、噪声小和使用寿命长。

❖ 步骤 2：实施灌溉作业

目前，灌溉方式应用最广的是喷灌和滴灌，滴灌的年均投入较大，运行费用也较高，因此在大面积大豆种植的情况下应用较少。喷灌是应用最广泛的灌溉方式。

喷灌是借助水泵和管道系统或利用自然水源的落差，把具有一定压力的水喷到空中，散成小水滴或形成弥雾降落到植物上和地面上的灌溉方式。

在我国常用的喷灌方式有以下几种。

(1)折叠中心支轴式

也叫指针式喷灌机或电动圆形喷灌机(图 3-3-2)。将支管支撑在高 2～3 m 的支架上,全长可达 400 m,支架可以自己行走。支管的一端固定在水源处,整个支管以中心点绕行,像时针一样,边走边灌。可以使用低压喷头,灌溉质量好,自动化程度高,适用于大面积的平原或浅丘区,要求灌区内没有任何高的障碍物(如电杆、树木等)。其缺点是只能灌溉圆形的面积,边角要用其他方法补灌。此机在美国应用广泛,在我国华北和东北已有一定的使用经验,并值得在大平原地区、大规模农场推广。

图 3-3-2　指针式喷灌机

指针式喷灌机喷灌面积大,喷洒质量好,能够在较短时间内灌溉千万顷土地,不需要开渠筑堤、平整土地,只需井水、河渠、湖泊等水源。高度的机械化和自动化,可使一人控制 2～8 台,提高劳动生产率,降低亩投资成本。

(2)折叠滚移式(图 3-3-3)

将喷灌支管(一般为金属管)用法兰连成一个整体,每隔一定距离以支管为轴安装大轮子。在移动支管时用一个小动力机推动,使支管滚到下一个喷位。每根支管最长可达 400 m。这种机型我国已有产品,适用于矮秆作物(如蔬菜、小麦等),要求地形比较平坦。

图 3-3-3　滚移式喷灌机

(3)折叠大型平移式(图 3-3-4)

为了克服指针式喷灌机只能灌圆形面积的缺点,人们在指针式喷灌机的基础上研制出可使支管做平行移动的喷灌系统,使灌溉的面积成矩形。但其缺点是当机组行走到田头时,要专门牵引到原来出发地点，才能进行第二次灌溉。而且平移的种植技术要求高。因此，没有指针式喷灌机使用得那么广泛。

图 3-3-4 大型平移式喷灌机

(4)折叠卷盘式

卷盘式喷灌机是一种将牵引 PE 管缠绕在绞盘上，利用喷灌压力水驱动水涡轮旋转，经变速装置驱动绞盘旋转，并牵引喷头车自动移动和喷洒的灌溉机械，如图 3-3-5 所示。卷盘式喷灌机能够灌溉大面积的农田，也可以根据喷头控制喷水量的大小，以满足使用者对喷灌水量的不同要求，是农田节水灌溉的合适选择。同时也适用于电厂、港口、运动场、城市绿地等需要灌溉或防尘场合下的喷洒作业。卷盘式喷灌机采用水涡轮式动力驱动系统、大断面小压力的设计，在很小的流量下，可以达到较高的回收速度。水涡轮转速从水涡轮轴引出一个两速段的皮带驱动装置传入到减速器中，降速后链条传动产生较大的扭矩力驱动绞盘转动，从而实现 PE 管的自动回收。同时经水涡轮流出的高压水流经 PE 管直送到喷头处，喷头将高压水流喷洒到作物上空，散成细小的水滴均匀降落，并随着 PE 管的移动而不间歇地进行喷洒作业。

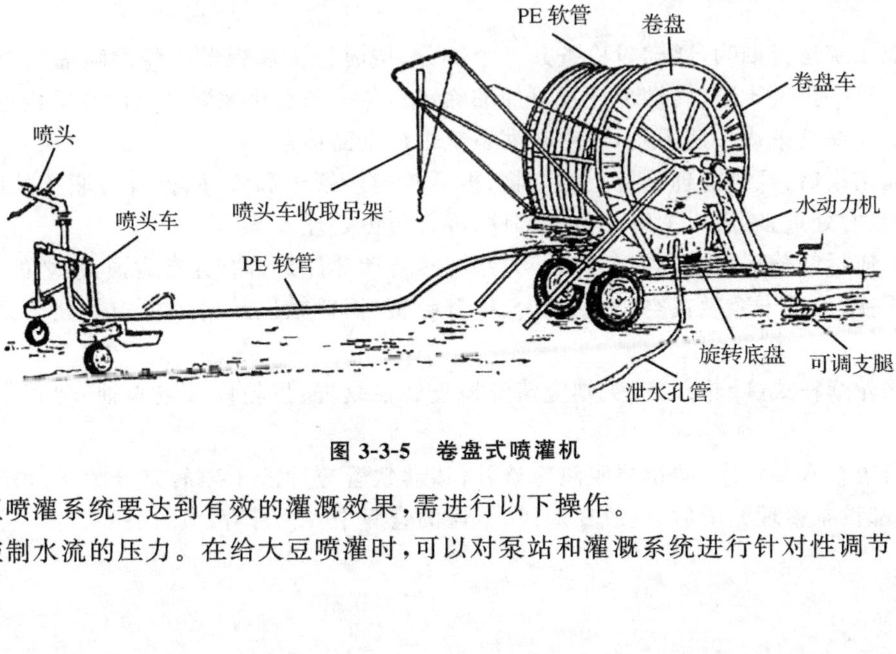

图 3-3-5 卷盘式喷灌机

大豆喷灌系统要达到有效的灌溉效果，需进行以下操作。

①控制水流的压力。在给大豆喷灌时，可以对泵站和灌溉系统进行针对性调节，以达到适

当的水流速度。避免压力过高或过低，否则可能会影响大豆喷灌系统的效率。

②确定灌溉时间。灌溉时间取决于土壤类型、气候条件以及大豆品种的发育状况。在每次水浸浇之后，应该检查土壤湿度并进行喷灌，使土壤保持湿润状态。如果地面土壤出现裂缝，就是需要再灌溉的标志。

③注意喷出的水头高度。水头喷洒的高度必须保持在大豆顶部 30～40 cm 的范围内。如果过低到大豆表面，水流太强可能会破坏大豆叶片和茎；如果过高，会导致水流下落受阻，覆盖范围不够，深度不够，不利于土壤深层次的保水和根系发育。

④定期检查。使用喷灌系统期间需要定期检查水泵、喷头和连接器，以便及时发现并修复设备故障。检查喷头大小是否一致，含水量是否匹配，喷头是否堵塞。

总体而言，在大豆种植过程中，应该严格按照上述步骤进行操作，以确保灌溉水平，最大限度地提高灌溉效率。喷灌系统是一种高效的农业灌溉方案，可以减少水资源的浪费和滥用，提高农业生产效率，进而为社会和经济发展做出贡献。

❖ **步骤 3:**检查灌溉效果

为了起到省水增产的作用，喷灌设备在施行喷灌时一定要保证较高的灌水质量。一般用来衡量灌水质量的指标是喷灌强度、喷灌均匀度以及水滴雾化程度，这也是喷灌技术的三要素。因此，在实际使用喷灌设备进行喷灌作业时，要做到喷灌强度适中、喷洒均匀度高、水滴雾化效果好。

喷灌是把水泵加压或者落差形成的有压水通过压力管道送到田间，再由喷头喷射到空中，形成细小的水滴，均匀地滴落田里，来达到灌溉的目的。它可以提高水的综合利用、灌溉的均匀度以及实现喷灌设备的自动化管理。喷灌技术也被称为人工降雨，采用该技术能够达到节水、增产、省工等明显效果，同时还能够改善田间小气候，如加湿、降温等，实用性是比较优越的。

在喷灌过程中及喷灌结束时，要检查喷灌的效果，如果出现过量和不足的情况，要及时调节，确保大豆的正常生长和水资源的合理利用。

❖ **步骤 4:**清理和保养

在喷灌系统运行期间，要随时检查其各个部分，按时维护和保养。每次喷灌完毕，要将动力机、水泵、喷头擦洗干净，转动部件及时加油除锈。冬季每次用完要把泵内和管内存水放净，以防冻裂。喷灌结束或长期不用，要对喷灌系统进行全面检查。

①喷灌结束后，及时清理设备上的杂物，拆下软连接管道和管件，检查各联接处的联接情况、异常的及时处理，然后对关键部位和部件，进行防护处理。

②喷头应拆卸分解，检查空心轴、轴套、垫圈等转动部件是否有异常磨损，损坏的部件应及时修理或更换，清洗干净后在空心轴、轴套、摇臂弹簧、摇臂轴以及扇形机构等处应涂油，然后装好。

③对蜗轮蜗杆式(叶轮式)喷头则应清洗检查后在蜗杆、齿轮以及空心轴、轴套等处涂油，然后装好。

④管道内存水要放净，防锈层脱离应修补，移动软管应冲洗干净后充分晾干，塑料管要防止暴晒，全部设备整理完毕后，应放在通风、干燥的仓库中妥为保存。

四、任务总结评价

➤ 任务完成清单

班级：　　　　　　　　姓名：　　　　　　　　学号：

任务三　大豆机械化灌溉任务完成清单							
序号	大豆机械化灌溉任务	是否完成	资源学习（资源序号）	是否完成	完成日期	是否存在疑问	是否解决
1							
2							
3							
4							
5							
6							
7							
8							
9							
10							
11							
12							
13							
14							
15							
学生签名：				指导教师签名：			
任务完成情况自评：（ A B C D E ）				任务完成情况教师评价：（ A B C D E ）			

说明：等级评价为 A、B、C、D、E 五级，在评价的等级符号上圈圈

➢ 任务评价

班级：　　　　　　　　姓名：　　　　　　　　学号：

任务三　大豆机械化灌溉任务完成评价单		
评价内容	评价要素	等级评价
信息检索	有效利用网络资源、工作手册查找有效信息	
	能够有条理地解释、表达所学的知识及技能	
	能将检索的信息进行有效转换	
感知工作	熟悉专业、认同职业工作价值	
	在任务完成中收获成就感	
参与状态	能够尊重教师、同学，达成相互理解	
	能够与教师、同学之间保持多向、丰富、适宜的信息交流	
	探究学习，具备一定自主学习能力，善于处理好合作学习和独立思考的关系，做到有效学习	
	能提出有意义的问题或能发表个人见解；能按要求正确实施操作；能够倾听、协作、分享	
	积极参与到任务中，在学习与工作过程中不断学习，综合运用信息技术的能力获得提高	
学习方法	工作计划、操作技能是否符合规范要求	
	是否获得进一步发展的能力	
工作过程	遵守任务操作规程，操作过程符合任务实施管理要求	
	上课出勤情况，任务完成情况	
	能多角度主动发现问题，提出有价值的问题	
思维状态	善于提出问题、分析问题、解决问题；创新意识	
	按时按质完成任务	
自评反馈	较好地掌握专业知识点、技能点	
	具有较强的信息分析能力和理解能力	
	具有较为全面严谨的思维能力，并能条理清晰地表述成文	
任务完成过程中自我成功小故事描述		

说明：等级评价为 A、B、C、D、E 五级

➢ 任务完成过程收获总结

班级：　　　　姓名：　　　　学号：　　　　教师评价等级：

时间：　　年　　月　　日

说明：任务完成收获主要总结表述在完成过程中的学习收获，要阐述清楚有益的经验和做法，字数≥300字，并制作PPT报告，教师评价等级为A、B、C、D、E五级，综合评价文本总结报告、PPT报告两部分内容

项目总结活动

项目总结活动主要完成展示任务完成作品、自评、总结心得、PPT 学习总结报告等。

➢ 项目完成清单

班级：　　　　　　　　　　姓名：　　　　　　　　　　学号：

<table>
<tr><th colspan="9">项目三　大豆生产机械化田间管理技术项目完成清单</th></tr>
<tr><th>序号</th><th>项目设计内容</th><th>是否完成</th><th>项目收获总结</th><th>是否完成</th><th>项目评价成功小故事</th><th>是否提炼出重点</th><th>项目完成难点</th><th>是否解决</th></tr>
<tr><td>1</td><td></td><td></td><td></td><td></td><td></td><td></td><td></td><td></td></tr>
<tr><td>2</td><td></td><td></td><td></td><td></td><td></td><td></td><td></td><td></td></tr>
<tr><td>3</td><td></td><td></td><td></td><td></td><td></td><td></td><td></td><td></td></tr>
<tr><td>4</td><td></td><td></td><td></td><td></td><td></td><td></td><td></td><td></td></tr>
<tr><td>5</td><td></td><td></td><td></td><td></td><td></td><td></td><td></td><td></td></tr>
<tr><td>6</td><td></td><td></td><td></td><td></td><td></td><td></td><td></td><td></td></tr>
<tr><td>7</td><td></td><td></td><td></td><td></td><td></td><td></td><td></td><td></td></tr>
<tr><td>8</td><td></td><td></td><td></td><td></td><td></td><td></td><td></td><td></td></tr>
<tr><td>9</td><td></td><td></td><td></td><td></td><td></td><td></td><td></td><td></td></tr>
<tr><td>10</td><td></td><td></td><td></td><td></td><td></td><td></td><td></td><td></td></tr>
<tr><td colspan="5">学生签名：</td><td colspan="4">指导教师签名：</td></tr>
<tr><td colspan="5">项目完成情况自评：（ A　B　C　D　E ）</td><td colspan="4">项目完成情况教师评价：（ A　B　C　D　E ）</td></tr>
</table>

说明：等级评价为 A、B、C、D、E 五级，在评价的等级符号上圈圈

项目知识问答

问题 3-1:大豆生产田间管理机械如何分类?

问题 3-2:不同田间管理机械的作用是什么?

问题 3-3:不同田间管理机械如何应用?

问题 3-4:田间管理机械如何检修、调整?

问题 3-5:田间管理机械如何保养、封存?

项目评价

班级：　　　　　　　　　　姓名：　　　　　　　　　　学号：

项目三　大豆生产机械化田间管理技术项目完成评价单			
评价内容	评价要素	能力提升自评等级	能力提升教师评价
信息检索	有效利用网络资源、工作手册查找有效信息		
	能够有条理地解释、表达所学的知识及技能		
	能将检索的信息进行有效转换		
感知工作	熟悉专业、认同职业工作价值		
	在项目完成中收获成就感		
参与状态	能够尊重教师、同学，达成相互理解		
	能够与教师、同学之间保持多向、丰富、适宜的信息交流		
	探究学习，具备一定自主学习能力，善于处理好合作学习和独立思考的关系，做到有效学习		
	能提出有意义的问题或能发表个人见解；能按要求正确实施操作；能够倾听、协作、分享		
	积极参与到项目中，在学习与工作过程中不断学习，综合运用信息技术的能力获得提高		
学习方法	工作计划、操作技能是否符合规范要求		
	是否获得进一步发展的能力		
工作过程	遵守项目操作规程，操作过程符合项目实施管理要求		
	上课出勤情况，项目完成情况		
	能多角度主动发现问题，提出有价值的问题		
思维状态	善于提出问题、分析问题、解决问题；创新意识		
	按时按质完成项目		
自评反馈	较好地掌握专业知识点、技能点		
	具有较强的信息分析能力和理解能力		
	具有较为全面严谨的思维能力，并能条理清晰地表述成文		
请罗列出项目完成过程中自我成功的小故事			

说明：等级评价为 A、B、C、D、E 五级

项目完成过程收获总结

班级：　　　　　　　　姓名：　　　　　　　　学号：　　　　　　　　教师评价等级：

时间：　　年　　月　　日

说明：项目完成收获主要总结表述在完成过程中的学习收获，要阐述清楚有益的经验和做法，字数≥300字，并制作PPT报告，教师评价等级为A、B、C、D、E五级，综合评价文本总结报告、PPT报告两部分内容

项目四　大豆生产机械化收获技术

项目引入

作物收获是整个农业生产过程中夺取高产丰收的最后一个重要作业环节，对谷物的产量和质量都有很大的影响，其特点是季节性强、时间紧、任务重，易遭受雨、雪、风、霜的侵袭而造成损失。实现谷物收获作业机械化对于提高劳动生产率、减轻劳动强度、降低收获损失、确保丰产丰收具有重要意义。

◆ 项目描述

机械化收获是大豆生产的重要作业环节，其收获质量、籽粒破损率及含杂率对大豆后续加工及出售都会产生一定的影响。大豆机械化收获是提高大豆生产效率的重要途径，对于提高我国农业机械化水平、增加农民收入及促进农业可持续发展具有重要意义。

项目任务

大豆收获通常采用机械收割方式，农用机械配有割刀、滚筒等工具，通过切割大豆植株，将大豆收割下来，既快捷又省力，可以大大提高收割效率。大豆机械化收获的时间要求严格，用联合收获机直接收割方式的最佳时期在完熟初期，此时大豆叶片全部脱落，植株呈现原有品种色泽，籽粒含水量降至18%以下，适宜采用直接收割方式收获。通过对大豆收获机械的阐述，全面掌握大豆全程机械化生产中的收获作业技术。

学习目标

◆ 知识目标

掌握大豆收获机械的分类和发展；
理解大豆收获机械的原理和应用；
理解大豆秸秆粉碎还田机械的原理和应用。

◆ 能力目标

能够对大豆收获机进行检查、保养与维修；
认真做好大豆收获机械的试运转；
熟知大豆收获机械的使用技术。

◆ **素质目标**

树立服务三农意识，形成强烈的爱国热情，培养良好的职业道德；
培养良好的农机应用意识，发扬严谨的工匠精神；
培养良好的学习习惯，形成严格自律的自我学习能力；
培养良好的交流、协作意识，形成较强的沟通交流和团队协作能力；
培养良好的信息检索习惯，形成较强的信息检索能力。

项目实施

任务一 选择收获机械

一、任务引入

(一)国内收获机械的发展概况

我国劳动人民在长期的生产实践中对收获工具有许多发明创造，据古书记载在 3 500 年前已发明了镰刀，在 13 世纪中叶创造了推镰等高效工具。但这些成就在长期的封建和半封建、半殖民地的社会中得不到应有的发展及重视。

新中国成立后，相继在东北等地建立了国有农场，在近 50 年的发展历程中，我国收获机械的发展速度很快，总结起来大致经历了以下几个发展阶段。

(1)入门阶段(1949—1965 年)

这一阶段所完成的主要是引进工作。1949 年开始从苏联引进 C-6 型牵引式和 C-4 型自走式联合收获机，此后又相继从其他国家引进一些机型。牵引式机器有：联邦德国的克拉斯、兰茨，英国的阿尔滨等；自走式机型有：苏联 C-4M 型、CK-3 型，捷克 ZM330 型，匈牙利 ACD330 型，波兰 AC-400 型，英国福格森等。经过多年的试验选型和农场的实际使用，

20 世纪 50 年代，我国开始尝试研制自己的联合收获机。1956 年投产了 GT-4.9 型牵引式联合收获机，1965 年投产了东风 ZKBD-3 型自走式联合收获机。当时产品的数量不多、制造质量也不高，而且国内少数单位自行设计研制的也是一些小型联合收获机，但此时我国已初步掌握了联合收获机的生产和制造技术。

(2)发展阶段(1966—1980 年)

这一阶段是我国联合收获机械迅速发展的时期。全国不仅涌现出一批新的专业联合收获机厂，而且还发展了相应的配套件厂，这些工厂通过扩建、技术改造，生产能力有了很大提高。到 20 世纪 70 年代末，一个比较完整的联合收获机制造业已初具规模，联合收获机年产量也已达到 6 000 台的水平。典型的生产厂及其产品有：四平和开封联合收获机厂生产的 ZKB-5 型、LZ-5 型等机型；佳木斯联合收获机厂生产的丰收-3.0 型自走式联合收获机；北京联合收获机厂生产的北京-2.5 型自走式联合收获机；依兰收获机厂生产的北大荒-6 型联合收获机；新疆联合收获机厂生产的新疆-5 型联合收获机等一大批自走式联合收获机。这一阶段，我国的联合收获机事业获得飞速发展。而且，这段时间的工作使我国设计研究联合收获机的水平有了

长足的进步和大幅提高，逐步具备了独立设计、开发新产品的能力。

(3)利用引进技术发展阶段(1981—1990年)

这个阶段是谷物联合收获机发展过程中一个艰难而又复杂的时期，经历了一个极大的起落过程。1980年前后，改革开放政策对联合收获机的发展产生了巨大的影响。1981年机械部首先组织开封、佳木斯两个联合收获机厂引进美国约翰·迪尔公司的1000系列谷物联合收获机的制造技术，生产了1055型、1065型、1075型三种大型联合收获机。继而又协助四平联合收获机厂与民主德国前进工厂以合作的方式引进E514型联合收获机的制造技术，进行组装和制造。经过几年的努力，这些引进的机型陆续投产，我国的联合收获机行业的科学技术在许多方面从原来比较落后的状态，一下子跨越至80年代初的国际先进水平，有了划时代的飞跃。但是，由于80年代初农村经济比较落后等一些因素的影响，联合收获机市场明显萎缩。自1982年起，全国产量由6 000台一下子降到1 000余台。到80年代中后期，随着农村经济的发展，市场逐渐恢复。进入90年代，不仅产量恢复到了历史最高水平，而且新试制的产品，特别是中小型拖拉机悬挂的品种型号繁多，出现了制造、开发、选购收获机的新局面。

到90年代中后期，我国的收获机发展更加迅速，不仅各种类型机械齐全，性能不断完善，而且产量也大幅度提高。截至2010年，仅小麦联合收获机社会保有量突破60万台，全国小麦85%是由机械收割完成的。

(二)国内收获机械的发展趋势

①国内收获使用的主要有两种机械，一种为自走式，另一种为配套式，随着经济发展，自走式将逐步取代配套式机械。从现在种植结构看多为中小田块，所以机型以中型机(40.4～44.1 kW)占主导地位，发展趋势是中大型机，并逐步由现在以机械式为主向电子、液压技术方面发展。收获作业时要求茎秆粉碎还田使近几年的平均故障间隔时间有了较大的提升。

②水稻收获使用的主要有两种机械，一种为中小型全喂入橡胶腰带自走机，适合水田收获，从发展趋势看应以中型机(36.8 kW)为主，采用液压电子技术并提高自动化程度，加装茎秆粉碎装置及驾驶室，适应多数地区中小田块收获作业；另一种为半喂入自走水稻联合收获机，适应单季稻产量和茎秆都比较高、收获季节倒伏较多、要求保留完整的茎秆用于编织手工艺品的地区，需要多为中型机，适应中小田块收获作业。半喂入机械技术水平较高，基本达到国外机械水平，发展趋势主要是提高自动化程序，达到高效、可靠。近几年，我国研制的捋穗机型，现处于进一步大面积考核和提高过程中。

③我国玉米种植的行距各地不一，现国内研制的主要是自走中型机和拖拉机配套的机具，大部分不能适应各种不同行距的收获，收获性能和可靠性尚需进一步提高。发展趋势是采用静液压底盘、提高可靠性和作业效率，适应各种不同行距收获的中型自走机型。研制适应不分行的玉米收获部件、自动排茎部件、满足茎秆还田要求的切碎装置、监视和报警系统，并实现主要工作部位的自动控制和监视。

(三)国外收获机的发展概况

国外收获机发展比较有代表性的国家和地区为欧、美、日本等。欧、美多为全喂入脱粒，机型大，生产率高，适合较大规模的生产条件；日本则以中小型水稻收获机为主，多采用半喂入，机型小，生产率相对较低。

美国早在19世纪初发明了脚踏脱粒机和畜力割捆机，1890年开始生产由30～40马力牵引的联合收获机，1920年生产动力联合收获机，1939年制成第一台自走式联合收获机，1940年基本实现收获机械化。20 世纪 70 年代以后属于高度发展阶段，机具向大功率发展，并采用先进的液压电控和监视系统。近年来，轴流式联合收获机有较大的发展，尤其是最近由约翰·迪尔公司生产的 CTS Ⅱ型多滚筒大功率联合收获机，很好地解决了水稻收获的一些难题。目前，美国收获机行业由约翰·迪尔等少数几家公司垄断，处于世界先进水平。

欧洲一些国家原以使用割捆机和脱粒机为主，50 年代后迅速发展联合收获机。比较有代表性的有民主德国 E512 型、E514 型、E516 型，联邦德国克拉斯 D76 型、D96 型、D106 型，法国的布劳特 801 型等，均有比较先进的性能。

日本在借鉴西方收获机械的基础上，结合本国山地丘陵较多，水稻种植面积大等特点，研制出一系列小型水稻收获机械，独具特色。日本收获机械发展较晚，1967 年末开始生产推广小型半喂入联合收获机，1976 年水稻机械收获面积为 39.3%，1977 年达到了 91.4%，基本上实现了收获机械化。目前，日本的水稻收获机械在性能、自动化程度等许多方面都达到了相当高的水平。久保田、洋马等公司的半喂入水稻联合收获机处于世界先进水平。

目前，世界收获机械的发展，正在向自动化、适用化、多样化和智能化方向发展。集全球卫星定位系统(GPS)、地理信息系统(GIS)和遥感系统(RS)于一身的精准农业技术在智能化联合收获机上的应用是当今收获机械化最新、最重要的技术发展。国外一些先进的联合收获机上都装有 GPS 接受系统，用于获取农田小区作物产量和影响作物生长环境因素的信息，监测谷物的水分和产量，从而控制联合收获机的前进速度、割幅和割茬，使联合收获机处于最佳喂入量状态，发挥联合收获机最高生产功效和最佳作业质量。通过信息传递对收获机出现的故障进行诊断，指导排除；确定收获机所处的位置，指导其行驶路线。

1. *任务描述*

我国大豆收获机的应用过程经历了国外产品的引进、消化吸收到改进，自行设计几个阶段，并取得了较好的效果。黑龙江地区地域辽阔、平坦，具有气候寒冷、日照时间短的特点，大豆种植只采用一年一季的方式。东北地区也是我国传统的奶牛养殖基地，大豆茎秆对其畜牧业的发展还具有重要的意义。而另一方面，随着矿物资源的不断紧张，近年来秸秆也被回收，使其成为发电的燃料，供给电厂使用。

2. *任务步骤分解*

选择大豆收获机械的流程见图 4-1-1。

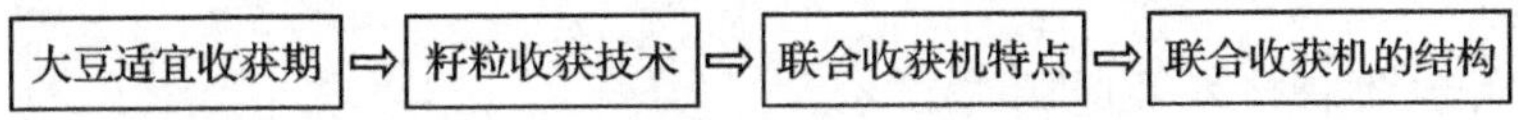

图 4-1-1 选择大豆收获机械流程图

二、任务前知识准备

问题 4-1-1：大豆收获机械是如何发展起来的？

问题 4-1-2：大豆收获机械有几种型式？

问题 4-1-3：大豆收获机械未来方向是什么？

三、任务实施

❖ **步骤1**:查看大豆成熟情况

机械收获大豆的最佳收获期在黄熟期后至完熟期,此期间大豆籽粒含水率在15%~25%,茎秆含水率45%~55%,豆叶全部脱落,豆粒归圆,摇动大豆植株会听到清脆响声。

作业时间根据大豆水分及炸荚程度而定,正常情况应选在干燥的晴天,一般上午在豆荚表面无露水后进行。豆荚过干炸荚严重割台损失大的情况下,可选择早、晚时间段收割;避开露水时段,以免收获的大豆产生"泥花脸";避开中午高温时段,以免炸荚造成损失。

谷物收获的农业技术要求是谷物联合收获机使用和设计的依据。由于我国谷物种植面积很广,种类也很多,而且各地区自然条件有差异,栽培制度也各不相同,所以对于谷物收获的农业技术要求也不一样,概括起来主要有以下4点。

(1)适时收获,尽量减少收获损失

适时收获对于减少收获损失具有重要意义。为了防止自然落粒和收割时的振落损失,谷物一到黄熟中期便需及时收获,到黄熟末期收完,一般为5~15 d。因此,为满足适时收获减少损失的要求,收获机械要有较高的生产率和工作可靠性。

(2)保证收获质量

在收获过程中除了减少谷粒损失外,还要尽量减少破碎及减轻机械损伤,以免降低发芽率及影响储存,所收获的谷粒应具有较高的清洁率。割茬高度应尽量低些,一般要求为5~10 cm,只有两段收获法才保持茬高15~25 cm。

(3)禾条铺放整齐、秸秆集堆或粉碎割下谷物

为了便于集束打捆,必须横向放铺,按茎基部排列整齐,穗头朝向一边;两段收获用割晒机割晒,其谷穗和茎基部须互相搭接成为连续的禾条,铺放在禾茬上,以便于通风晾晒及后熟,并防止积水及霉变;拣拾和直收时,秸秆应进行粉碎直接还田。

(4)要有较大的适应性

我国各地的自然条件和栽培制度有很大差异,有平原、山地、梯田;有旱田、水田;有平作、垄作、间套作,此外,还有倒伏收获、雨季收获等。因此,收获机械应力求结构简单、重量轻,工作部件、行走装置等适应性强。

❖ **步骤2**:籽粒收获技术及应用

脱粒分离装置是联合收获机的核心部件,其工作效果直接影响整机的作业质量,已经成为限制联合收获机发展的主要因素。近年来,我国联合收获机迅速发展,但由于起步较晚,技术不成熟,还存在破损率、损失率及含杂率偏高等问题。对市场上现有的联合收获机的脱粒分离装置进行技术分析以获得较低破损率、损失率、含杂率的脱粒分离方案,对提高联合收获机的工作性能和谷物收获质量具有重要现实意义。

1. 脱粒分离装置的功用与原理

脱粒分离装置的功用是将谷穗上的谷粒脱离,并在谷粒脱离谷穗的过程中尽可能多地从混有颖壳、短茎秆和杂物等组成的混合物中清选分离出来。其主要要求是脱粒干净、谷粒损失率低、通用性好,能够实现对多种不同作物的兼收以及适应不同的工作环境,能满足不同地区

对不同作物收获的不同要求，且能耗低、污染少。

脱粒装置的基本脱粒原理有以下几种。

①冲击脱粒。脱粒原理主要是靠脱粒元件与谷物果穗之间的相互冲击作用使谷物脱粒。

②梳刷脱粒。脱粒原理主要是靠谷物果穗通过排列较为紧密的脱粒元件的缝隙，脱粒元件对谷粒施加拉力和冲击力使谷物脱粒。

③碾压脱粒。脱粒原理主要是靠脱粒元件对谷物果穗进行碾压施加压力而使谷物脱粒，作用在谷粒上的力使谷粒与穗轴之间产生横向位移形成剪切破坏，进而使得谷粒脱离果穗。

④揉搓脱粒。脱粒原理主要靠脱粒元件对谷物及谷物与谷物之间的相互揉搓作用进行脱粒。

脱粒分离装置工作时，无论任何联合收获机的脱粒分离装置都不单单只按照一种脱粒原理进行脱粒，而是运用多种脱粒原理综合作用进行脱粒分离。

2. 脱粒分离装置的种类

联合收获机脱粒装置主要由喂入装置、滚筒和凹板组成，脱粒分离装置的种类按照不同的分类方式有以下几种。

①按照滚筒结构的不同可分为钉齿滚筒式、纹杆滚筒式、双滚筒式和轴流式滚筒四种。

②根据喂入方式不同，脱粒装置可分为全喂入式和半喂入式两种。其中，全喂入式脱粒装置又可以分为切流式、轴流式（横轴流和纵轴流）及其组合方式。

③按照脱粒元件的形式可分为钉齿式、纹杆式、弓齿式、板齿式、齿板式等，以及不同脱粒元件的组合式。

3. 常见的脱粒分离装置特点

常见的几种脱粒分离装置的工作原理及优缺点如表 4-1-1 所示。

表 4-1-1　常见的脱粒分离装置

装置种类	工作原理及优缺点	装置简图
纹杆滚筒式	滚筒带有纹理，是谷物在带有纹理的滚筒与凹板之间反复进行摩擦作用来实现脱粒的一种脱粒装置。这种脱粒方式既能保证有较高的脱粒效率，又能满足有较低的谷物破损率，且可以兼收多种作物，适用范围较广；但工作过程中容易发生作物在滚筒中堵塞的情况，导致脱粒效果较差	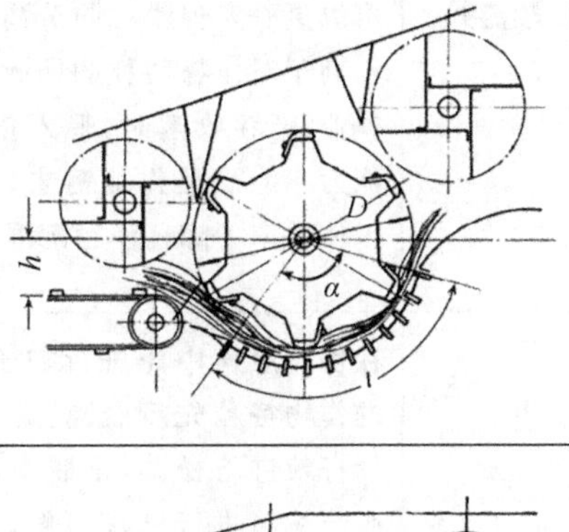
钉齿滚筒式	滚筒上装有钉齿，是谷物受到滚筒上钉齿的梳刷和打击作用来实现脱粒的一种脱粒装置。钉齿滚筒的抓取和脱粒能力较强，能实现对水稻等作物湿度较大的作物收获；但脱粒工作过程中容易对秸秆造成破损折断，凹板分离能力较弱，导致其含杂率较高，后续清选压力较大	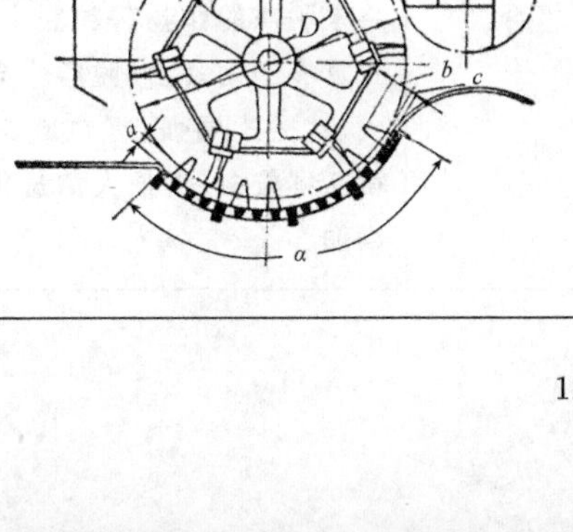

续表4-1-1

装置种类	工作原理及优缺点	装置简图
双滚筒式	前后装有两组滚筒共同作用完成对收获作物的脱粒分离，前组滚筒通常选用钉齿式并配以较低的转速，可以完成对绝人多数谷粒脱粒分离；后组滚筒选用纹杆式，转速较高但脱粒间隙较小，以实现较高的脱粒效率。其脱净率高，分离性能好，破碎谷粒较少，生产率高；但结构复杂、秸秆折断破碎多，清选压力较大	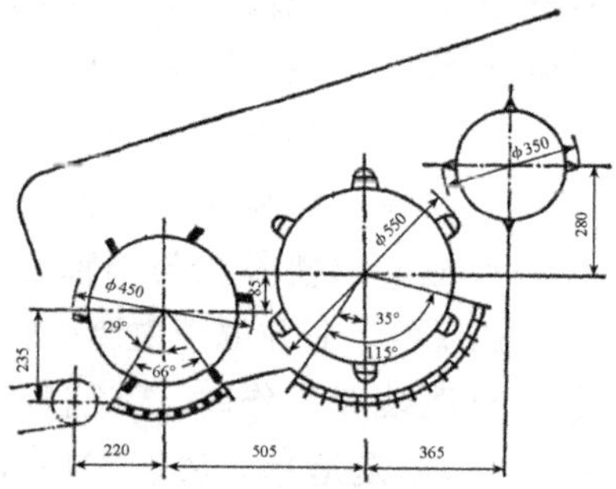
纵轴流式	滚筒与机器前进方向平行，谷物从轴的一端喂入。由于纵向放置脱粒滚筒，机器不受其长度限制，多用于大型收获机上，且清选筛面上的物料横向分布比较均匀。其缺点是喂入不流畅，螺旋喂入叶片易磨损、传动结构较复杂。 纵置轴流脱粒分离装置可以兼顾高脱净率、低破碎率两种要求；但其功耗大，在低茬收潮湿作物时也有堵塞	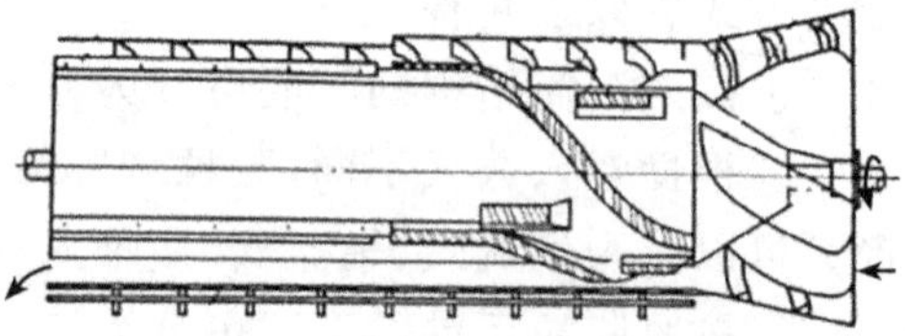
横轴流式	滚筒与机器前进方向垂直，谷物在滚筒的一侧喂入并随滚筒沿轴向移动脱粒，秸草从滚筒的另一侧排出。机器因横置滚筒长度的限制，一般用于中小型收获机上。高茬收割时，可以更好实现脱粒与分离，效率较高；但后期不利于对作物秸秆的回收利用以及进行旋耕作业；低茬收割时，喂入量加大，脱粒与分离能力不能满足作业需求，导致作业速度放慢工作效率下降且作物潮湿时易堵塞滚筒	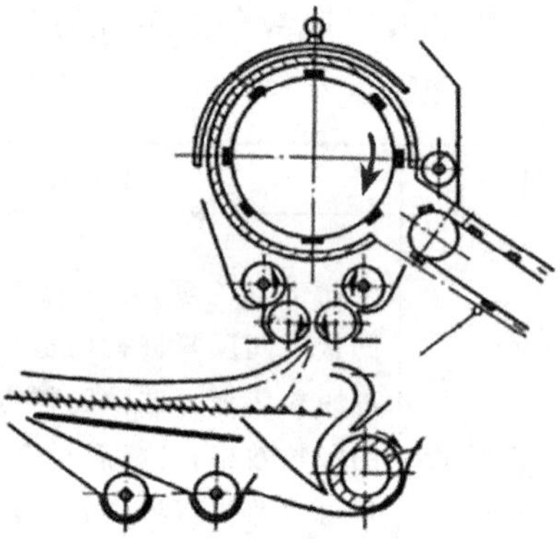
切流横轴流组合式	在切流滚筒中先进行初步脱粒，将容易脱粒的作物籽粒先行脱离，并将不容易脱离的作物籽粒进行松动，未脱离的部分进入横轴流脱粒滚筒进行二次脱粒，在脱粒元件的打击作用与作物、作物籽粒等之间的搓擦作用下将未脱离的作物籽粒脱离。切流横轴流组合式具有结构紧凑、脱净率高、可适用不均匀喂入、揉搓效果强、籽粒破碎率低的优点；但秸草断穗较多，需加大清选能力，功率消耗有所增加	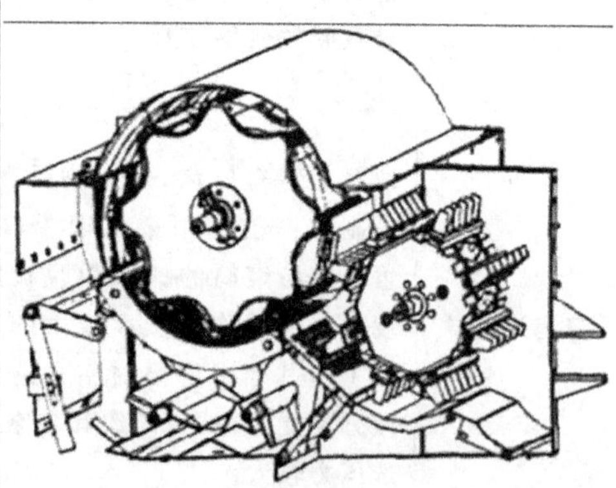

续表4-1-1

装置种类	工作原理及优缺点	装置简图
切流纵轴流组合式	切流脱粒分离装置先将容易脱粒的作物籽粒进行脱粒，并将不容易脱粒作物的籽粒松动，强制喂入装置拨动未脱粒的作物籽粒部分以及作物茎秆强制喂入纵轴流脱粒分离装置中进行二次脱粒与分离。切流纵轴流组合式脱粒能力强、工作效率高、损失率低、适用于高含水率、高喂入量的收获工作，但其结构所占空间较大	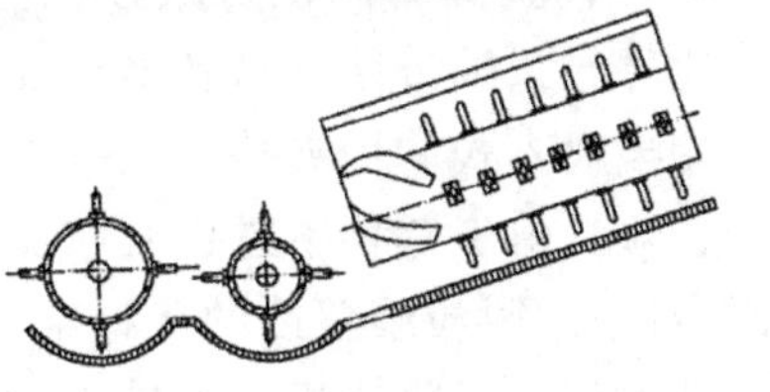

❖ **步骤 3**:联合收获机特点

联合收获机是将收获机和脱粒机用中间输送装置连接成为一体的机构。它能在田间一次完成切割、脱粒、分离和清选等项作业，以直接获得清洁的谷粒，因而生产率很高。在我国，近年来收获机械发展很快，联合收获机拥有量较高，大豆基本实现机械收获。

1. 联合收获机的分类

目前，世界各国生产的联合收获机型号很多，可以按动力供给的方式和按谷物喂入的方式不同来加以分类。

(1)按动力供给方式分类

①牵引式。牵引式联合收获机的优点是造价较低，且拖拉机可以全年充分利用。但它工作时由拖拉机牵引，机组较长，机动性较差，不能自行开道。因此，其应用逐渐减少，目前已很少应用。

②自走式。收割、脱谷、集粮、动力、行走等多功能为一体。结构紧凑，机动性好，收获时能自行开道和进行选择收割，生产率很高，因而得到广泛的推广普及。目前，世界自走式联合收获机发展很快，以约翰·迪尔公司为例，20 世纪七八十年代的主打产品为 1000 系列联合收获机。到现在主打产品已发展到 9000 系列，其中的 9510 型联合收获机功率为 179 kW，增加功率可达 203 kW，并开发了以收获水稻为主的 9750-STS 型水稻联合收获机。但自走式联合收获机的造价高，动力和底盘不能全年利用。

③悬挂式。将联合收获机悬挂在拖拉机上，割台位于拖拉机的前方，脱粒机位于拖拉机的后方，中间输送装置在一侧。它具有自走式的优点，且造价较低；但其总体配置受到拖拉机的限制，如驾驶员视野差，中间输送装置长，变速挡位不能充分满足收获要求等，而且联合收获机是分部件悬挂在拖拉机上，装卸较费工，整体性较差。这种形式的联合收获机多为中小型，机动性相对较好，适于小地块作业，故有很大的应用市场，尤其在广大的南方地区。

④通用底盘式。将联合收获机悬挂在通用底盘上，收获季节过后，拆下联合收获机再装上其他农具，可以充分发挥动力机和底盘的作用。这种形式虽然有一定优点，但由于各种农具要求不同，相互牵制较多，故而设计和拆装要求也比较多。

(2)按谷物喂入方式分类

①全喂入式。谷物茎秆和穗头全部喂入脱粒装置进行脱粒。按谷物通过滚筒的方向不同，又可分为切流滚筒式和轴流滚筒式两种。联合收获机的传统形式是切流滚筒型，即谷物沿旋转滚筒的前部切线方向喂入，经几分之一秒时间脱粒后，沿滚筒后部切线方向排出。现在大

部分联合收获机均采用这种形式。近年来,国内外轴流滚筒式联合收获机也有了较大的发展,即谷物从滚筒轴的一端喂入,沿滚筒的轴向做螺旋状运动,一边脱粒,一边分离。它通过滚筒的时间较长,最后从滚筒轴的另一端排出。这种形式可以省去联合收获机中庞大的逐稿器,缩小了联合收获机的体积并减轻机重,且对大豆、玉米、小麦、水稻等多种作物均有较好的适应性。此外,切、轴流结合型及多滚筒联合收获机在国内外也已成为产品。

②半喂入式。用夹持输送装置夹住谷物茎秆,只将穗部喂入滚筒,并沿滚筒轴线方向运动进行脱粒。由于茎秆不进入脱粒器,因而简化了结构,降低了功率消耗,并保持了茎秆的完整性;但对进入脱粒装置前的茎秆整齐度要求较高。这种形式的联合收获机生产率较低,主要用于小型水稻联合收获机。但进入 90 年代来,半喂入联合收获机发展很快,尤其是日本久保田等公司的半喂入联合收获机在收获水稻方面呈现出很大的优点,克服了速度慢、效率低、故障多的缺点,而且自动化程度有了很大的提高,近年来在我国南方地区已有了一定的市场。但它的价格比较高。

③割前脱粒。是利用谷物在田间站立状态(未割),直接将谷粒从穗头或茎秆上摘脱下来,然后对摘脱下来的混合物(包括籽粒、茎叶、颖壳及部分穗头等)进行复脱、分离和清选,从而获得清洁的谷粒,脱掉谷粒后的茎秆仍直立于田间或割倒铺放在田间。割前脱粒虽具有半喂入的特点,但其具有十分显著的优点,只是飞溅损失比较难控制。近年来,国内外进行了大量的研究,已取得了突破性进展,目前已有部分产品,但仍需进一步完善。

(3)除以上分类外,还可以按下列分类

①按作物名称分类,如小麦联合收获机、水稻联合收获机、玉米联合收获机等。

②按谷物在机器中流动的方向和割台相对于脱粒机的位置分类,如 T 型和直流型联合收获机等。

③按生产功率大小分类,如大型(喂入量 5 kg/s 以上)、中型(3～5 kg/s)、小型(3 kg/s 以下)联合收获机。

④按行走部件分类,如轮式、半履带式和履带式收获机。

世界各国的谷物联合收获机主要用于收获小麦和水稻。我国南方、日本及东南亚各国是世界水稻的集中产地,由于水稻田块较小,而且潮湿带水,针对这些特点设计的水稻联合收获机全是小型的,其行走装置有较好的防陷能力,脱粒装置要适应水稻脱粒的特点等。我国北方和欧美种植小麦较多,地块较大,收获时地面条件较好,所以小麦联合收获机绝大多数是大中型的。由于欧洲和美洲的条件稍有差异,一般说,欧洲的地块较小,湿度较大,作物植株较高,单位面积的产量也较高,但易倒伏,因而欧洲和美洲生产的联合收获机在结构上稍有差别,国外常有欧洲型和美洲型联合收获机之称。

2. 联合收获机的特点

①生产率很高。以我国成批生产的 JD1075 型自走式谷物联合收获机为例,若配以运粮车,2～4 人工作,一天可收获 3 000～4 500 kg 的小麦,相当于 500～600 个劳动力的手工作业量。而现在使用生产效率更高的 JD1076 型、3518 型、凯斯 2388 型等机的生产率更高。

②谷物损失小。一般联合收获机正常工作时的总损失,收小麦时小于 2%,收水稻时小于 3%。而分段收获因每项作业都有损失,故其损失相对高得多。

③机械化程度高。大大减轻农民的劳动强度,改善劳动条件,并能做到大面积及时收获,为抢种下茬作物创造条件。

3. 联合收获机存在的问题

①机器构造复杂，价格昂贵，作业成本高。目前尚难以综合利用，每年使用时间很短，造成动力积压和保管难以完善等问题。近年来的跨区作业，大大提高了联合收获机的利用率，使这一矛盾得以缓解。

②联合收获机只有当谷物达到完熟期时，才能充分发挥其高效作用。而谷物的完熟期一般不到一周时间，而且我国不少地区收获时节正值雨季，这些地区单纯依靠联合收获机来收获要承担一些风险。

③从我国目前生产的联合收获机来看，尽管技术水平有了相当的提高，但产品质量上还存在较大问题。加之售后服务、零配件供应等方面也存在比较大的问题，从而使联合收获机的平均时间利用率不高。尤其是在小块地上分散使用，往往难以发挥其功效。

❖ 步骤 4：联合收获机结构

1. 凯斯 2366 型/2388 型联合收获机

凯斯 2366 型/2388 型轴流滚筒式联合收获机，可用于收获玉米、水稻、大豆、小麦、油菜、牧草种子等多种作物，脱粒效果好，生产率高。凯斯 2388 型收获机采用国际先进的 AFX 技术，即单轴流脱粒分离系统，设计新颖，功能齐全，可获得较高的收获质量与收获效率，在脱谷能力以及生产效率方面在国际上处于领先水平。其总体结构主要由收割台、倾斜输送器、脱粒装置、清选装置、发动机、底盘、传动系统、液压系统、电器系统、驾驶室等部分组成(图 4-1-2)。

工作过程：当联合收获机进行作业时，拨禾轮 2 将作物拨向切割器 17。切割后的作物由拨禾轮 2 拨倒在割台上，割台螺旋推运器 3 将割下的作物堆集到割台中部，并由螺旋推运器上的伸缩扒指将作物转向送入倾斜输送器 4，然后由倾斜输送器的输送链耙把作物喂入滚筒 15 和凹板 13 的间隙进行脱粒。滚筒轴在机器的纵向平面内，被割倒的作物经割台输送至滚筒的一端，作物进入滚筒后沿滚筒的轴向做螺旋状推进运动，脱下的谷粒经过凹板并由螺旋输送到清选筛 12，在横流风机 14 的气流吹散作用下，轻的颖壳和碎秸被吹出机外，干净的谷粒落入谷粒螺旋 6，并由谷粒升运器送入粮箱。未脱净的杂余、断穗通过下筛后部的筛孔落入杂余螺旋，并经复脱器二次脱粒后再抛送回到阶状输送器上再次清选。长茎秆则由滚筒的另一端排出，并由茎秆粉碎器和抛撒器 10 抛在田间。

凯斯 2366 型/2388 型联合收获机可根据收割作物选配系列大豆挠性割台、玉米割台、拾禾台。新型大豆挠性割台仿形性更好。凯斯 2388 型联合收获机选配的是 1020 挠性割台，其特点是：挠性浮动量可在 0～152 mm 内由电子液压浮动控制。拨禾轮位置和转速、割台高度可在驾驶室内方便调整。割台高度自动控制系统可以自动补偿地面的不平，在水平和垂直两个方向控制割台位置。割台可方便地由挠性变刚性。

2200 系列玉米割台有 6 行、8 行和 12 行三种，行距可调。调节台板开口度，以满足不同尺寸玉米籽穗收获的要求。该玉米割台物料喂入平滑顺畅，可以更有效地收获倒伏或缠结作物，使收获损失更小。

2015 型拾禾台可以与各种收获机配置使用，使其发挥收获性能。特别是小粒作物拾禾，如小麦、大麦、油菜等，实现均匀捡拾整个条铺，减少损失。并且性能可靠，故障少。

采用新型单轴流滚筒脱粒分离机构，新型的 AFX 滚筒螺旋式叶轮，产生了强劲的真空吸力，提高了叶轮入口的空气流速，把作物从过桥流畅地吸入滚筒脱粒区域。单轴流滚筒长度

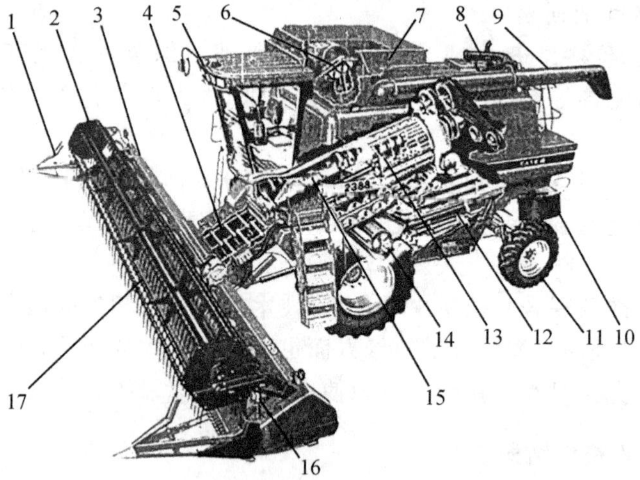

图 4-1-2　凯斯 2388 型轴流滚筒式联合收获机

1. 分禾器；2. 拨禾轮；3. 割台螺旋推运器；4. 倾斜输送器(过桥)；5. 驾驶室；6. 谷粒螺旋和谷粒升运器；7. 粮箱；8. 发动机；9. 卸粮管；10. 茎秆抛撒器；11. 转向轮；12. 清选筛；13. 凹板；14. 横流风机；15. 轴流滚筒；16. 拨禾轮升降机构；17. 切割器

2 800 mm，直径 762 mm，喂入量大，脱粒能力高，纹秆具有柔和的倾斜角度，降低了需要的峰值功率。AFX 滚筒可以采用 4 种配置——谷物、玉米、水稻和超级耐磨型。

横流风机为清选系统提供了均匀的气流，以达到清洁能力高，功率消耗低。上筛分前、中、后三段，均可单独调整，改善了筛子的性能，适应不同的收获条件，获得清洁的谷物。选配的带有新型固定刀片的粉碎器及其四个位置都可以从侧面进行调整。秸秆和颖壳抛撒装置能均匀地把它们抛撒于田间。双速抛撒器具具有不同的抛撒宽度。

压力流量补偿液压系统用来控制割台、拨禾轮的提升，卸粮筒的回转，转向系统和过桥仿形。功效和灵敏度获得了提高。液压过桥反转马达比原设计多了 50%的扭矩，确保其工作时顺畅，安静。

安全性能提高。当过桥和滚筒运转时，如果操作者离开座位时间超过 7 s，收获机会自动断开过桥动力。

凯斯 2366 型/2388 型联合收获机可以安装先进农业系统(Advanced Farming Systems，AFS)进行精准农业的生产应用，通过卫星定位实现自动绘制产量图、粮食水分图、自动驾驶，自动调整，故障诊断等技术，在先进性、可靠性和经济合理性方面处于领先水平。凯斯 2366 型/2388 型轴流谷物收获机 AFS 系统，由卫星全球定位系统(GPS)差分接收机、谷物水分和温度传感器、谷物流量传感器、净粮升运器轴速传感器、行驶速度传感器、割台高度传感器、产量监测器、数据卡及 AFS 系统软件等组成。

通过安装在凯斯 2366 型/2388 型轴流谷物收获机上的谷物流量传感器、净粮升运器轴速传感器、行驶速度传感器、割台高度传感器可准确测定其行走距离及作物流量，加上对割台宽度或行距的标定，进而可以测出工作面积和产量。通过水分和温度传感器传递水分信号；通过卫星定位系统可将整个收获作业各处的作物产量、作物水分定位，绘制成图。作物产量图用于进行产量分析，以便指导其后的变量播种施肥；水分分布图可指导收获作业，减少烘干费用及谷物水分测量费用及时间，还可用于分析造成同一块土地作物水分差异；通过对地块大地高度的记录可用于分析田间的梯度，安排平整土地和田间灌排水干线等。使用AFS系统，可用于对影响作物产量的土壤类型、作物品种、肥料施用量、杂草控制、耕作措施、排灌等因素进行定位分析，找出提高产量、降低成本的方法，达到提高经济效益和生态效益的目的。

凯斯2300系列轴流滚筒收获机主要技术参数见表4-1-2。

表4-1-2　凯斯2300系列轴流滚筒收获机主要技术参数

收获机型号	2344型	2366型	2388型
发动机			
型号	6TA	6TA	6TA
排量/L	5.9	8.3	8.3
转速/(r/min)	2 500	2 200	2 200
功率/(马力/kW)	174/130	250/286	280/209
变速箱形式	静液压，3个挡位	静液压，3个挡位	静液压，3个挡位
油箱容量/L	350	350	681
脱谷/分离			
滚筒形式	轴流式	轴流式	轴流式
滚筒直径/mm	610	610	762
滚筒长度/m	2.8	2.8	2.8
滚筒转速/(r/min)			
低	280～650	280～650	250～400
中		400～700	
高	530～1 260	530～1 260	700～1 125
凹板	可调	可调	可调
凹板调整	电子操纵、状态显示	电子操纵、状态显示	电子操纵、状态显示
卸料逐稿轮	3叶片	3叶片	3叶片
搅龙座	4	5	5
谷物损失监测器	标准配置	标准配置	标准配置
清选系统			
上筛	可调条板	可调条板	可调条板
下筛	可调条板	可调条板	可调条板
总清选面积/m^2	3.8	3.8	5.1
清选风扇	离心式	离心式	离心式
转速/(r/min)	可调，450～1 250	可调，450～1 250	可调，450～1 250
传送与贮藏			
杂余升运器/mm	152×204橡胶链耙	152×204橡胶链耙	152×204橡胶链耙
清粮谷物升运器/mm	52×204橡胶链耙	52×204橡胶链耙	52×204橡胶链耙
粮仓/m^3	5.1	6.3	7.4
仰载搅龙	液压控制旋转	液压控制旋转	液压控制旋转
卸载高度/m	3.8	3.8	3.9
卸载速度/(m^3/s)	0.1	0.1	0.1

2. 约翰·迪尔 3316 型/3518 型 CTS 非传统式联合收获机

随着我国种植结构的调整，为适应我国广大农民对水稻收获机械的迫切需求，约翰·迪尔充分利用世界范围内收获机械的前沿技术，研制开发了大型非传统式 3518 型联合收获机（图 4-1-3）。收获机的核心工作部件采用国内外首创的切流滚筒与纵向轴流滚筒组合式脱粒分离装置，取代了传统结构的键式逐稿器，目前该装置已经获得了国家机械工业科学技术进步奖二等奖及国家实用新型专利。

图 4-1-3　3518 型 CTS 联合收获机

切流脱粒滚筒加纵向轴流分离滚筒是约翰·迪尔公司成熟的 CTS 技术，CTS 是板齿分离滚筒的英文缩写。3518 型 CTS 先后在美国、澳大利亚、巴西、中国江苏农垦、黑龙江农垦等国家和地区 800 h 试验，经中外专家和国内权威机构的论证，其性能符合并优于国家标准，优于国外进口同类机型，填补了我国大型水稻收获机械的空白。该机不仅可以收获水稻，还可收获十几种作物。收获水稻可以达到 11 kg/s 的喂入量，收获小麦、大豆、玉米等作物可以达到 8 kg/s 的喂入量，是真正的大型联合收获机械。

3316 型同 3518 型 CTS 相比，是经济型轴流收获机，它既满足了用户对轴流收获机的需求，又具备用户可接受的价位，深受广大用户青睐。3518 型 CTS 是纵向双轴流滚筒，3316 型是纵向单轴流滚筒。慢速切流脱粒滚筒和板齿分离滚筒组合可以获得很强的脱粒分离能力，可以实现多级脱粒，多级分离，对作物冲击量小，特别适合水稻的收获。约翰·迪尔 3000 系列大型联合收获机主要参数见表 4-3。

（1）动力配置

3316 型发动机功率 140 Hp，配置无锡柴油机厂生产的 140 马力的 CA6110/125T 型 6 缸非增压发动机；3518 型 CTS 发动机功率 203 马力，配置法国沙朗 6068TYC51 涡轮增压发动机，严格控制废气排放，完全达到欧洲Ⅱ号标准，属环保型发动机。该发动机工作稳定，使用寿命长，在任何作业条件下，都能满足整个收获机的动力需求，同时还能保留大约 15%的储备功率，避免了因满负荷工作造成发动机过热，扭矩负荷增大，使用寿命降低等情况。

（2）收割与喂入装置

3316 型喂入量为 6 kg/s，刚性和挠性台体通用，比同类机型多收 1～2 垄大豆。采用加强型过桥，适用于割台快速挂结，可挂结宽割台，强度、可靠性好于同类机型。3518 型 CTS 喂入量水稻 11 kg/s，小麦、大豆 8 kg/s，配置 4.57 m 刚性、挠性割台。

刚性割台底板采用进口的不锈钢板，输送潮湿作物不易锈蚀，有利于谷物流的顺利畅通。挠性割台是采用美国约翰·迪尔公司专有的先进技术设计制造的，具有仿形量大，仿形灵敏等优点，是收获大豆的最佳工具。仿形弹簧板采用进口的优质弹簧板，经久耐用，不变形，大大提高了割台的收获性能。同时割台上设有刚性锁定装置，可将挠性割台锁定成刚性状态，来满足水稻等作物的收获要求。割刀驱动采用封闭式摆环箱，浸油运转，振动小，可靠性高。

割台使用了调速电机控制的拨禾轮转速的无级变速装置，驾驶员可根据实际作业需要在驾驶室内完成对拨禾轮转速的调整。采用弹簧结构弹齿，弹性好、抓取作物能力强，并与弹齿倾角调整机构配合，可有效地收获倒伏作物。

拨禾轮可在各种收获条件下捡拾并抓取各种作物，并补充了割刀和喂入搅龙的作用，使损失控制在最低限度。拨禾轮的直径为 110 mm，可在很长的距离内手动前后调节，能最大限度地捡拾起倒伏或缠绕的作物，以减少切割损失。拨禾轮端部幅盘更接近割台侧壁确保将倒伏作物分离干净，比较容易清除滞留作物，保证连续收获。

割台喂入搅龙筒直径为 410 mm，搅龙叶片直径为 610 mm，增加了搅龙的强度与刚度，在宽割台和大喂入量情况下效果更突出。喂入搅龙与割台底板之间最佳间隙为 100 mm，这样可以确保对各种作物的压紧-牵拉作用而均匀喂入。压紧-牵拉喂入可减少搅龙伸缩指。

过桥采用加强型过桥，可以实现与割台快速挂结，具有很好的通用性，操作简便，挂结可靠。过桥主体上包括一个坚固的焊接钢架和一个坚实的 100 mm 直径的加强管，可以很好地增加刚度，防止扭曲。

喂入辊采用浮动形式，对于高秆作物如高粱等有足够的空间保证作物的顺利喂入。同时在收割大豆等矮秸秆作物的低茬作业时，更具有良好的喂入性能。

大豆挠性割台不需费力就可很精确地将割台调至与地面平行。这一调节对于不同型号轮胎或在松软条件下保持割台与地面平行是非常重要的。

(3)脱粒系统

如图 4-1-4 所示，3316 型和 3518 型 CTS 脱粒机构采用切流脱粒滚筒加纵向轴流分离滚筒结构。切流脱粒滚筒在作物潮湿时也可以完成 75%～85%的脱粒，剩余的 25%～15%脱粒由板齿分离滚筒来完成，还可以选择较低的转速而不破坏籽粒。脱粒滚筒包角为 104°、滚筒直径 610 mm，大于同类机型脱粒滚筒轴直径，脱粒效果好。可安装小钉齿水稻脱粒装置，脱粒装置强度和可靠性好于同类机型。

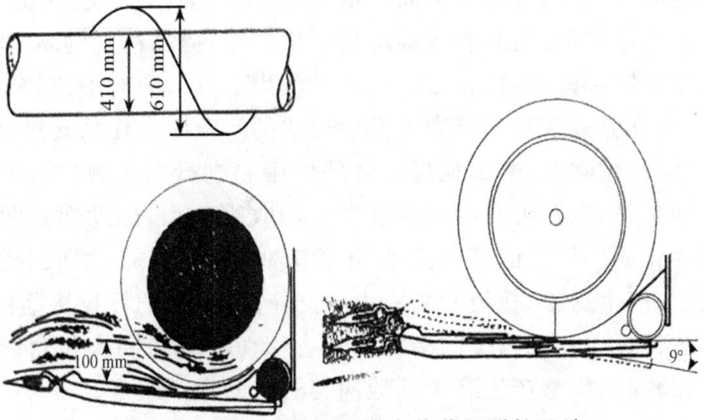

图 4-1-4　3518 型 CTS 联合收获机脱粒系统

脱粒滚筒转速采用的是无级变速自增扭结构，3518 型 CTS 是液压驱动式，3316 型是人工手动式。可安装与 1075 型通用的滚筒减速器，能实现(565±50)～(1 150±50)r/min 和(158±20)～(420±25)r/min 两种变速范围，满足不同作物收获时对滚筒转速的不同要求，破碎率低，提高了收获大豆作物的综合性能。滚筒变速器采用了自动增扭装置，增强滚筒喂入能力，延长了皮带使用寿命。

分离机构 3316 型采用独特的组合式单轴流脱粒分离装置(图 4-1-5)，3518 型 CTS 采用组合式双轴流脱粒分离装置(图 4-1-6)，分离滚筒采用偏心设置，分离目标更加明确。当物料随滚筒旋转向上方运动时，物料被蓬松，籽粒穿过缝隙，被抛到外层而被分离出去。当物料随滚筒旋转向下运动时，物料被加速、挤压和揉搓，复脱效果显著、分离彻底，是该类型联合收获机的独有设计。

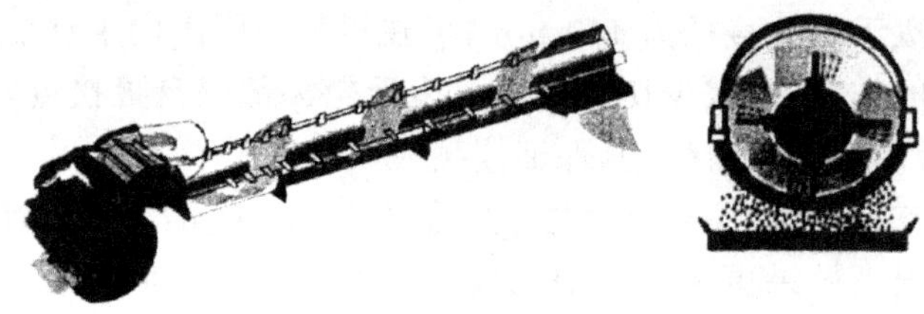

图 4-1-5　3316 型单轴流脱粒分离装置

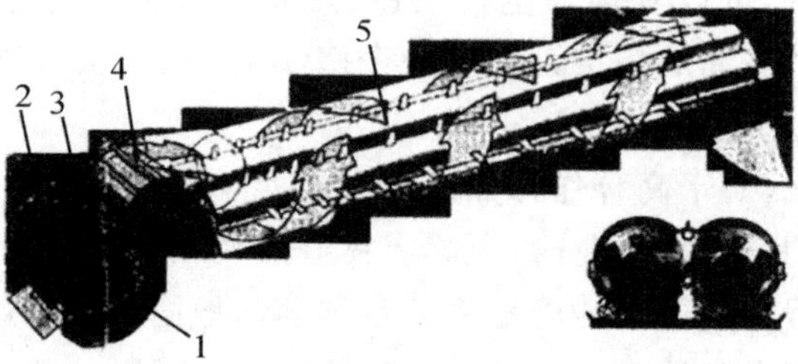

图 4-1-6　3518 型 CTS 组合式双轴流脱粒分离装置

1. 脱粒滚筒；2. 下逐稿轮；3. 上逐稿轮；4. 分离滚筒；5. 凹板

纵向分离滚筒长 3 344 mm，分离面积大，分离更加彻底，这种旋转式强制分离机构对籽粒分离能力得到提高，对水稻收获的分离损失降到了国家标准以下。同时，通过板齿的梳理作用，进行第二次脱粒，进一步促进谷草分离，使分离效果更加明显。纵轴流滚筒与凹板间隙较大，避免了在分离过程中产生的破碎。滚筒较低的工作转速保证了收获机在脱粒干净的情况下，脱粒柔和，减少了对谷粒的损伤，有效地降低了糙米率，提高粮食的品质。

当作物离开脱粒滚筒和凹板时，在喂入机构的作用下进入分离滚筒，分离滚筒上的板齿穿透并抓住作物，把它拉到分离滚筒与外壳下部所形成的间隙中。作物转过来时再次拉和放，继续向后移动，当板齿穿透作物时，起到梳理作物的作用和进行二次脱粒。这个附加的脱粒，与主脱粒的切流滚筒加起来，以及可在高潮湿状态下的收割能力，协助保持收获高质量的稻谷。分离滚筒拉和放的动作提供极好的茎秆流动，不像其他类型的轴流式收获机靠摩擦和挤压作物实现脱粒，这样往往产生裹粮，板齿和离心力一同作用，很快把籽粒从茎秆中分离出来，大大提高了分离能力。这种板齿分离系统的结构与大直径切流滚筒和大包角凹板结合在一起，与其他的联合收获机比较时，能够产生高于其他同类机型的生产效率。

这种采用滚筒板齿分离的联合收获机给水稻、大豆、小麦和其他高产作物种植者提供了除传统联合收获机之外更具有吸引力的选择，它的高容量滚筒凹板脱粒加上特有的板齿分离系统和优越的茎秆处理能力，更能显示出可观的工作效率和高的投资回报率。

(4)清选系统

采用鱼鳞筛结构，有效地回收作物籽粒，为清选作物提供平滑顺畅的输送环境。上下筛箱工作中采用交互运动，有效地平衡运动部件的惯性力，减小了收获机的振动，保证了清选系统工作稳定，避免了因筛箱振动量大对收获机的损害。

通过整体式蜗壳风扇和可调导风板把气流均匀地分布在整个筛面上，将短茎秆及颖壳等杂物吹到机体外面，留下籽粒输送到粮箱中。它的风扇是采用无级变速的方式，可在 340～1 060 r/min 内任意调整，以达到最佳的风量。

3316 型和 3518 型 CTS 采用同一种清选筛箱和风扇，筛面风量分布优化、低压、均匀、大风量，降低了清选损失，清选面积 3.4 m^2。约翰·迪尔 3000 系列大型联合收获机主要参数见表 4-1-3。

(5)行走传动机构

采用无级变速形式，它的行走中间盘与行走增扭器配合，增扭效果更好，可以控制收获机达到每两个挡位间的任意行驶速度。离合器和刹车采用液压式结构，比其他机型的机械式结构操作省力方便可靠，最大限度地减少驾驶员的疲劳度。前桥采用 1000 系列联合收获机的分体式结构前桥，具有适应性强、转向灵活、转弯半径小、维修方便、坚固可靠等优点，特别是可以实现单边制动，单边制动更有利于水田收获，这一点功能是同类机型无法相比的。轮胎直接使用高花防陷轮胎，不需要用户额外购买，减少投资成本。

表 4-1-3　约翰·迪尔 3000 系列大型联合收获机主要参数

型号	3316 型	3518 型
割幅/m	3.66 或 4.57	4.57 或 5.34
喂入量/(kg/s)	6.0(水稻)	8.0(小麦)、11.0(水稻)
	≤1.5(小麦)	≤1.5(小麦)
总损失率/ %	≤3.0(水稻)	≤3.0(水稻)
	≤2.0(小麦)	≤2.0(小麦)
破损率/ %	≤2,0(水稻)	≤2.0(水稻)
	≤2.0(小麦)	≤2.0(小麦)
含杂率/ %	≤2.0(水稻)	≤2.0(水稻)
地隙/ m	0.482	0.482
脱粒装置型式	纹杆式或钉齿式	纹杆式或钉齿式
滚筒宽度×直径/ (m×m)	1.02×0.61	1.28×0.61
分离机构型式	板齿式纵向单轴流分离滚筒	板齿式纵向双轴流分离滚筒
分离面积/ m^2	1.62	2.76
清选机构型式	风筛式	风筛式
清选面积/ m^2	3.4	4.3
粮箱容积/ m^3	3.0	4.8
发动机功率/(马力/kW)	140/103	203/149
发动机厂家	无锡柴油机厂	约翰·迪尔
发动机型号	CA6110/125T-2	6068TYC51
运输状态长×宽×高/	7.4×4.05×3.4(配 3.66 m 割台)	7.23×3.41×3.80(不带割台)
(m×m×m)	7.4×4.9×3.4(配 4.57 m 割台)	
整机质量/ kg	7620(不带割台含切碎器)轮式	9860(不带割台含切碎器)
行走形式		轮式或半链轨
	1.05～19.7(前进挡)	1.05～19.7(前进挡)
行走速度/(km/h)	2.40～5.55(倒退挡)	2.40～5.55(倒退挡)
驱动轮胎轮距/ m	2.46	2.8
转向轮胎轮距/ m	2.46	2.57

四、任务总结评价

➤ 任务完成清单

班级：　　　　　　　　　　姓名：　　　　　　　　　　学号：

任务一　选择收获机械任务完成清单							
序号	选择收获机械	是否完成	资源学习（资源序号）	是否完成	完成日期	是否存在疑问	是否解决
1							
2							
3							
4							
5							
6							
7							
8							
9							
10							
11							
12							
13							
14							
15							
学生签名：				指导教师签名：			
任务完成情况自评：（ A B C D E ）				任务完成情况教师评价：（ A B C D E ）			

说明：等级评价为 A、B、C、D、E 五级，在评价的等级符号上圈圈

➢ 任务评价

班级：　　　　　　　　　　姓名：　　　　　　　　　　学号：

任务一　选择收获机械任务完成评价单		
评价内容	评价要素	等级评价
信息检索	有效利用网络资源、工作手册查找有效信息	
	能够有条理地解释、表达所学的知识及技能	
	能将检索的信息进行有效转换	
感知工作	熟悉专业、认同职业工作价值	
	在任务完成中收获成就感	
参与状态	能够尊重教师、同学，达成相互理解	
	能够与教师、同学之间保持多向、丰富、适宜的信息交流	
	探究学习，具备一定自主学习能力，善于处理好合作学习和独立思考的关系，做到有效学习	
	能提出有意义的问题或能发表个人见解；能按要求正确实施操作；能够倾听、协作、分享	
	积极参与到任务中，在学习与工作过程中不断学习，综合运用信息技术的能力获得提高	
学习方法	工作计划、操作技能是否符合规范要求	
	是否获得进一步发展的能力	
工作过程	遵守任务操作规程，操作过程符合任务实施管理要求	
	上课出勤情况，任务完成情况	
	能多角度主动发现问题，提出有价值的问题	
思维状态	善于提出问题、分析问题、解决问题；创新意识	
	按时按质完成任务	
自评反馈	较好地掌握专业知识点、技能点	
	具有较强的信息分析能力和理解能力	
	具有较为全面严谨的思维能力，并能条理清晰地表述成文	
任务完成过程中自我成功小故事描述		

说明：等级评价为 A、B、C、D、E 五级

➢ 任务完成过程收获总结

班级：　　　　姓名：　　　　学号：　　　　教师评价等级：

时间：　　年　　月　　日

说明：任务完成收获主要总结表述在完成过程中的学习收获，要阐述清楚有益的经验和做法，字数≥300字，并制作PPT报告，教师评价等级为A、B、C、D、E五级，综合评价文本总结报告、PPT报告两部分内容

任务二 收获作业

一、任务引入

大豆的收获是农业生产过程中最为复杂的工艺过程，在确定完大豆的收获方式和收获机后，还需要考虑大豆的成熟度、土地和环境、摘穗籽粒型收获机自动化控制、维护和保养等因素，从而可以更好地适应不同环境下的收获作业需求，提高农业生产效率和质量，为农业可持续发展做出贡献。

1. 任务描述

在实施收获作业时，需要掌握大豆收获机的工作原理、结构和功能。能够详细描述收获机收获作业的步骤和过程，同时还需要了解收获作业的注意事项和要求、机械的保养封存等内容，以确保达到预期的效果。

2. 任务步骤分解

了解收获作业，主要从以下四个方面进行阐述，如图 4-2-1 所示。

机械检查 ⇨ 机械试收 ⇨ 正式收获 ⇨ 保养设备并封存

图 4-2-1 实施收获作业任务分解

二、任务前知识准备

问题 4-2-1：大豆收获机收获作业的步骤和过程有哪些？

问题 4-2-2：收获机收获作业的前期工作有哪些？

问题 4-2-3：大豆收获包含哪些过程？

问题 4-2-4：收获设备如何进行保养？

三、任务实施

❖ 步骤1:联合收获机检查

作业季节前要依据产品使用说明书对大豆收获机进行一次全面检查、保养与维修,确保机具在整个收获期能正常工作。经重新拆装、保养或修理后的大豆收获机要认真做好试运转。主要检查事项如下。

①检查大豆收获机离合器、制动踏板自由行程是否适当。

②检查发动机机油、冷却液是否适量。

③检查仪表盘各项指示是否正常。

④检查轮胎气压是否正常;传动链、张紧轮是否松动或损伤,运动是否灵活可靠,调整各传动皮带张紧度,防止作业时皮带打滑。

⑤检查重要部位螺栓、螺母有无松动;有无漏水、渗漏油现象。

⑥检查松果割台、机架等部件有无变形等,机械收割保证刀片锋利、不缺损。

⑦备足备好田间作业常用工具、零配件、易损件及油料等,以便出现故障时能够及时排除。

❖ 步骤2:联合收获机试收

1. 试收作业前机械操作

(1)启动发动机

启动发动机前首先检查发动机油底壳及高压油泵的机油,水箱冷却水、燃油箱及进油管的燃油状况,确认各油储量足够时准备启动。

操作者坐在驾驶员座椅上,轻轻拧动方向盘下综合开关的钥匙,旋至启动位置,持续5 s左右,发动机在启动电机的带动下开始转动,运转平稳后迅速松开启动钥匙,让其恢复至原位,启动结束。

启动发动机时应注意以下问题。

①禁止发动机启动后不松钥匙,从而损坏启动机。

②气温低于5 ℃时,应先将启动开关拧至预热位置 ,并持续30～40 s,然后再拧至启动位置。

③每次启动持续时间不能超过10 s,连续启动间隔时间不能少于5 min。

④一次连续启动不能超过3次,否则应进行以下检查并根据情况处理。

a. 看电源总闸接触是否可靠,电机线有无虚接或短路现象。

b. 发动机油泵是否泵油,连续按压手油泵数次,使发动机启动时能连续泵油。

c. 启动电机接线是否正确可靠,启动电机是否损坏。

d. 综合开关是否有故障或损坏。

(2)行走、变速

方向机立柱左边的脚踏板为行走变速箱离合器踏板,右边脚踏板为制动踏板,右边的独立手柄为行走变速手柄,手柄分别为行走无级变速、主离合、割台操纵手柄。

发动机启动后,驾驶员左脚将离合器踏板踩到底,行走变速箱离合器呈分离状态,变速箱输入动力被切断，右手操纵行走变速手柄，感觉挡位可靠时缓慢放松脚踏板，使行走变速箱离合器平稳结合，收获机按Ⅰ挡速度行进。行进时，左脚离开离合器踏板，以防行走离合器处于半结合状态而烧坏摩擦片。

按以上操作，变换行走变速手柄在各挡位的位置，收获机即可获得Ⅱ、Ⅲ、倒挡行走速度。右脚踩下脚油门踏板，收获机行走速度会提高，踩至底速度最高。手油门手柄可以控制行走速度变化，扳至最前速度最低；反之，速度最高。

收获机非作业时行走，一般用脚油门；收获作业时行走，一般用手油门，并且用最高速位置。

(3)制动、停车、熄火

收获机作业时制动，首先要切断主离合动力，使机组工作机构停止运转，然后将无级变速手柄放在最低速。

收获机行进时需要制动停车，首先要将油门放松至最小供油状态，左脚将行走离合踏板踩至底，操纵行走变速手柄至空挡位，挡位正确可靠后松开行走离合踏板至自由状态，左脚离开踏板。右脚平稳踩下制动踏板，收获机将在惯性作用下滑行不超过 5.5 m 后停下。发动机低速运转 2～3 min 后左手拉动熄火拉线，使发动机熄火。

发动机呈停机状态时应注意：严禁熄火前轰油、长期停车需抽出钥匙，并切断电源总闸。

(4)作业机构的操作

①主离合器的结合、分离。发动机主离合器负责提供主要动力。结合主离合器，各部位同时转动；分离主离合器，各部位同时停止转动。

②割台升降。取下割台两侧支撑座，摘下油缸安全卡，并悬挂于指定位置。发动机平稳运转时，驾驶员操纵割台升降手柄即可实现割台的升降。

(5)仪表的认读和判断

收获机使用的是组合仪表，分为水温表、转向指示、机油压力表、电压表、电压报警等。

①水温表。显示发动机冷却水的出水温度，正常工作时指示应为 80～95 ℃，超出此范围需检查发动机散热系统或检查发动机故障。

②机油压力表。显示发动机主油道机油压力。额定工况时压力应指示 0.3～0.5 MPa；怠速时不低于 0.05 MPa；当机油温度达到 95～100 ℃时，压力允许略低于 0.3 MPa。当机油压力过低时，报警灯亮需及时补充机油。

③电压表。指示蓄电池及发动机启动电压，一般指示为 12～14 V。低于 12 V 时，表示蓄电池因发动机多次启动后电压下降；高于 12 V 时，表示发动机运转过程向蓄电池充电。当蓄电池电压过低时，报警灯亮，需充电或补充电解液。

④空滤器报警指示灯。主滤芯被灰尘或杂物堵塞，吸气压力过低时，指示灯亮，提示保养滤芯或清理堵塞物。

(6)灯光的操纵

①组合开关左手柄操纵

a. 示宽。将手柄向后转至第Ⅰ挡，驾驶室前面两侧的示宽小灯长明，同时粮仓两侧组合尾灯外侧尾灯长明，均起示宽照明作用，供夜间作业和转移之用。

b. 照明。将手柄向后继续拧至第Ⅱ挡，则前大灯及前后示宽灯均长明，供夜间作业和转移之用。

c. 转向。将手柄向转向方向扳动。转向方内侧小灯和同侧组合尾灯内侧尾灯闪烁，同时仪表盘上转向指示灯闪烁，示意转向。转向完毕后，将开关扳回至中立位置。

d. 大灯变光。将手柄向上扳，大灯由远光变近光；向下扳，由近光变远光；反复扳动，远近光变化，用于夜晚或雾天行驶会车。

②组合开关右手柄操纵。右手柄控制工作灯，向前扳动手柄，灯亮，保证夜间作业照明。此手柄处带红色拉出按钮，用于控制卸粮灯，拉出即亮，保证夜间卸粮照明。

2. 试收作业和检查

根据大豆及田块条件确定适合的作业速度，试收作业行进长度以 30 m 左右为宜，收获机停车，将割台升起，落下油缸安全防护套，将收获机熄火，然后进行如下检查。

(1)检查收获机工作部件技术状态

①检查割台。有无缠刀、漏割等现象，脱粒、清选、抛洒等装置工作情况；

②检查传动机构。是否松动和打滑、有无异味、温度是否异常、有无异响等问题。

(2)确定综合损失超标原因

试收作业结束后，应及时检查各项收获综合损失是否达到标准，当收获综合损失超标时，要从以下几个环节寻找造成损失的原因。

①落粒损失。检测割台前未收获的秸秆下的自然落粒。

②割台损失。检测割刀后至割台与过桥入口前割台下面的落粒。

③脱粒损失。检测滚筒脱粒后排出机外的秸秆穗头未脱下的籽粒。

④清选损失。检测收获机尾部吹出的杂余和秸秆中裹出的籽粒。

⑤漏粮损失。检测割台与过桥入口处至收获机尾部下面的落粒。

(3)调整机器，减少收获损失

根据损失类型和部位，对相应部件位置及参数进行调整。调整后再进行试割并检测，直至达到质量标准为止。作物品种、田块条件有变化时，要重新试割和调试机器。

❖ 步骤 3：正式收获

(1)检查作业田块

检查去除田里木桩、石块等硬杂物，对可能造成陷车或倾翻、跌落的地方做出标识，以保证安全作业。对地块中的沟渠、田埂、通道等予以平整，并将地里水井、电杆拉线、树桩等不明显障碍进行标记。

(2)开出作业割道

作业前将要收割的地块四角进行人工收割，按照机车的前进方向割出一个机位。然后，从易于机车下田的一角开始，沿着田的右侧割出一个割幅，割到头后倒退 5～8 m，然后斜着割出第二个割幅，割到头后再倒退 5～8 m，斜着割出第三个割幅；用同样的方法开出横向方向的割道。规划较整齐的田块，可以把几块田连接起来开好割道，割出三行宽的割道后再分区收割，提高收割效率。

(3)选择行走路线

在收获大豆时，首先在地头横向收割 2～3 个作业幅宽，用于转弯，然后顺垄梭形保持直线行驶。不要边收边转弯，以防分禾器、行走轮等压倒未收获的大豆，造成漏割损失。

(4)确定作业速度

根据大豆品种、高度、产量、成熟程度及秸秆含水率等情况来选择合适的作业挡位。作业过程中要保持发动机在额定转速下运转，地头作业转弯时，不要用松油门来降低车速，也不可速度过快，防止清选筛面上的大豆甩向一侧造成清选损失，保证收获质量。若田间杂草太多，应考虑放慢收获机前进速度，减少喂入量，防止出现堵塞和大豆含杂率过高等情况。

(5)明确技术要求

①收获时要求割茬高度一般在 4～6 cm，以不漏荚为原则，尽量放低割台。没有自动升降控制系统的挠性割台，割台高度指示器完好可靠，收割作业时，高度指示球应控制在 2 的位置上，以保证挠性割台对地面有一定的压力，割刀又不吃土。

②为防止炸荚损失，要保证割刀锋利、不缺损，割刀间隙需符合要求，减少割台对豆枝的冲击和拉扯。

③拨禾轮的转速和高度要适宜，晚期的豆枝含水率较低，拨禾轮转速需要相对降低，并对拨禾轮的压板加装橡皮等缓冲物，以减小拨禾轮对豆荚的冲击。

④作业时可用作业速度、割茬高度及割幅宽度来调整喂入量，使机器在额定负荷下工作，要降低夹带损失，避免发生堵塞故障。

(6)调整作业幅宽

①作业幅宽的确定。在负荷允许的条件下，可满幅或接近满幅工作，但要保证作物喂入均匀，防止喂入量过大，影响收获质量，增加损失率、破碎率。

②分禾器的位置确定。靠近作物一侧的分禾器要在两行中间，避免剐蹭相邻行茎秆，导致植株倒折漏割及炸荚掉粒，增加损失。

(7)过湿地块作业技术要求

①机具选择与调整改造。对于长时间浸水且呈泥泞状态(土壤含水量饱和)的农田，轮式农业机械作业时易发生陷机和破坏耕层土壤结构，优先选用履带式农业机械，可有效减少接地压力，对过湿地块适应性好，也可更早开展作业。如不具备条件，也可将轮式农业机械改造为半履带式农业机械(将驱动轮更换为三角履带)，或加装一对驱动轮胎，增加接地面积。采用履带式拖拉机作业时，应根据地块情况对履带张紧程度进行调整，泥泞地块适当调紧一些，干燥地块适当调松，以提高机具通过能力、减少履带磨损。

②作业技术要点。作业前，仔细观察地块泥泞程度，针对性地采取作业措施。作业时，应降低作业速度，避免急进、急退，做到匀速作业；转弯调头应缓慢，避免在同一位置多次转弯调头；如遇机具打滑、下陷、倾斜等情况，应及时停车处理。收获作业时，应及时卸粮，尽量减轻整机重量。收获作业同步开展秸秆还田作业时，应注意观察秸秆还田作业质量，如不满足生产需求可适时开展二次秸秆还田作业。

(8)收获倒伏大豆技术要求

收获倒伏大豆时，应选用配置挠性割台的大豆联合收获机，实现割台贴地作业。收获严重倒伏大豆时，应加装“扶倒器”并更换“防倒伏弹齿”。作业时，应尽量降低割台高度，保证较低位置的大豆能够进入割台。倒伏角＜45°时，对收获作业影响有限，一般不进行特殊处理；倒伏角在 45°～60°时，应采用逆向收获或侧向收获方式；倒伏角＞60°时，应采用顺向收获或侧向收获方式。

❖ **步骤 4**：保养设备并封存

(1)每日技术保养

①每日工作前应清理大豆联合收获机上各部件残存的尘土、苞叶和其他污物。

②观察和检查各部件连接情况，必要时加以紧固。注意检查割台装置的状态，输送器的刮板上螺栓的紧固情况，前后车轮与轮毂的紧固情况，前桥管梁焊合与边减机座、机架的连接螺栓的紧固情况，发现松动及时紧固。

③检查传动链条、V带、吸入输送链的张紧度，必要时进行调整，损坏时应及时更换。

④检查收获机齿轮箱、传动箱、变速箱的润滑油是否有泄漏和不足，若有，应及时修理和补充。

⑤检查液压系统液压油是否有泄漏和不足，若有，及时维修和补充。

⑥清理发动机体上、水箱、除尘罩和空气滤清器。

⑦发动机按其说明书进行技术保养。

注意：气温对燃油的牌号影响，当气温在 0 ℃时，应采用－10 ；当－10 ℃时，应采用－20 或－35 柴油。

(2)润滑

大豆联合收获机的一切转动、滑动部分都要及时、仔细和正确地进行润滑，从而提高大豆联合收获机的可靠性，减少摩擦力及功率的消耗。根据使用说明书对大豆收获机各润滑部位进行润滑。

(3)液压系统的维护和保养

①检查液压油箱的油面时，应将割台及其他液压油缸缩至最短位置，如液压油不足时应予补充。

②新大豆联合收获机工作 30 h 后应更换液压油，以后每年换一次。

③加油时应将油箱加油口周围擦干净，拆下并清洗滤清器，将新油慢慢地通过滤清器倒入。

④液压油倒入油箱前应沉淀，保证液压油干净，不允许含有水、砂、铁屑、灰尘或其他杂质。

⑤大豆联合收获机收获时间较长，温差较大。早大豆夏收气温高达 35 ℃，东北的大豆收获期在 11 月份气温将低至零下。依据环境气温，液压系统用油采用如下规定：当环境温度在 10 ℃以上时，选用 YB-N46 号抗磨液压油；当环境温度在 10 ℃以下时，选用 YB-N68 号抗磨液压油，当供货有困难时，可以用 YA-N46 和 YA-N68 号普通液压油分别替代 YB-N46 和 YB N68 抗磨液压油；当 N46 号液压油货源不足时，以 N68 号替代 N46 号液压油。

(4)轮胎的使用和保养

轮胎的使用寿命在很大程度上取决于正确的使用和维护，应注意以下几点。

①每班工作前，应检查轮胎的压力，使之符合规定要求。

②轮胎不得沾润滑油和柴油。

③工作结束后要检查轮胎，清除黏附在外胎上的污渍。

④行驶中不要急转弯和在坏路面上快速行驶。

(5)蓄电池的维护和保养

①蓄电池电解液的配制　请专业人员配制。

②用充电机给蓄电池充电　请专业人员进行。

③日常维护　经常清理蓄电池表面污垢，保持排气栓通气良好。

④机器正常作业时，每 15 d 应认真检查连接条、极柱、输出接线的接触情况和牢固程度，彻底清除接线端子的氧化物及锈蚀。

⑤电池失水时应及时补充纯水，防止极板暴露出液面而氧化和降低利用率(切勿补加电解液)。

⑥对加有电解液的蓄电池应充足电存放，且每一个月左右补充电一次。

(6)保管方法

大豆联合收获机长期保管时，必须先做完以下几项准备工作，再存放在干燥的库房内。

①打开机器上的全部窗口、盖子、护罩，仔细清除其内外的尘土、作物残余和污物。必要时可做部分拆卸，里里外外必须清除干净。

②取下全部带并擦干净，系上标签，交库保存。

③卸下链条，放在柴油或煤油中清洗，再涂上机油，装回原位，但不得张紧。

④拆卸和查看机器时，如发现零件或部件需要更换，应换上备用零部件。

⑤在一切未涂油漆的金属表面，以及工作中受摩擦的地方，均应涂防锈油。

⑥将割台降下放在垫木上，前后轮桥用千斤顶顶起，并垫好垫木。

⑦卸下电瓶，进行专门的检查与保管。

⑧卸下燃油箱及油管，用柴油清洗后放回原处，并拧紧各处的油口塞、盖和接头。

问题 4-2-5：大豆收获机主要有几部分组成？

问题 4-2-6：简述大豆收获机工作原理。

问题 4-2-7：简述籽粒型收获机工作原理。

问题 4-2-8：籽粒回收装置主要由(　　　　)、(　　　　)、(　　　　)、(　　　　)、(　　　　)、(　　　　)、(　　　　)和(　　　　)组成。

问题 4-2-9：简述收获机械在大豆生产过程中的应用。

四、任务总结评价

➢ 任务完成清单

班级：　　　　　　　　　　姓名：　　　　　　　　　　学号：

任务二　大豆收获作业任务完成清单							
序号	大豆收获作业	是否完成	资源学习（资源序号）	是否完成	完成日期	是否存在疑问	是否解决
1							
2							
3							
4							
5							
6							
7							
8							
9							
10							
11							
12							
13							
14							
15							
学生签名：				指导教师签名：			
任务完成情况自评：（ A B C D E ）				任务完成情况教师评价：（ A B C D E ）			

说明：等级评价为A、B、C、D、E五级，在评价的等级符号上圈圈

➢ 任务评价

班级：　　　　　　　　　　姓名：　　　　　　　　　　学号：

任务二　大豆收获作业任务完成评价单		
评价内容	评价要素	等级评价
信息检索	有效利用网络资源、工作手册查找有效信息	
	能够有条理地解释、表达所学的知识及技能	
	能将检索的信息进行有效转换	
感知工作	熟悉专业、认同职业工作价值	
	在任务完成中收获成就感	
参与状态	能够尊重教师、同学，达成相互理解	
	能够与教师、同学之间保持多向、丰富、适宜的信息交流	
	探究学习，具备一定自主学习能力，善于处理好合作学习和独立思考的关系，做到有效学习	
	能提出有意义的问题或能发表个人见解；能按要求正确实施操作；能够倾听、协作、分享	
	积极参与到任务中，在学习与工作过程中不断学习，综合运用信息技术的能力获得提高	
学习方法	工作计划、操作技能是否符合规范要求	
	是否获得进一步发展的能力	
工作过程	遵守任务操作规程，操作过程符合任务实施管理要求	
	上课出勤情况，任务完成情况	
	能多角度主动发现问题，提出有价值的问题	
思维状态	善于提出问题、分析问题、解决问题；创新意识	
	按时按质完成任务	
自评反馈	较好地掌握专业知识点、技能点	
	具有较强的信息分析能力和理解能力	
	具有较为全面严谨的思维能力，并能条理清晰地表述成文	
任务完成过程中自我成功小故事描述		

说明：等级评价为 A、B、C、D、E 五级

➢ 任务完成过程收获总结

班级：　　　　　　　　姓名：　　　　　　　　学号：　　　　　　　　教师评价等级：

时间：　　年　　月　　日

说明：任务完成收获主要总结表述在完成过程中的学习收获，要阐述清楚有益的经验和做法，字数≥300字，并制作PPT报告，教师评价等级为A、B、C、D、E五级，综合评价文本总结报告、PPT报告两部分内容

任务三　大豆秸秆机械化处理

一、任务引入

大豆秸秆是丰富的可再生农业废弃物资源，具有来源广、数量大、价格低廉和再生周期短等特点。其组成成分中粗蛋白质、木质素、纤维素和半纤维素含量较高，C/N 高，是重要的有机能源，同时含有 K、Ca、P 等多种矿物质元素，具有很高的利用价值。

1. *任务描述*

早期除少量大豆秸秆被用作牛羊的冬季饲料外，大量大豆秸秆被露天焚烧，不仅造成了严重的大气污染和资源浪费，也不利于生物质能源的循环利用和农业经济的可持续发展。目前，随着国家政策的指导扶持和秸秆利用研究的深入，已基本形成了大豆秸秆用作家畜饲料、农业肥料、栽培基料、工业原料、燃料等多元化的"五料化"综合利用格局。

2. *任务步骤分解*

了解实施大豆秸秆机械化处理作业，主要从以下四个方面进行阐述，如图 4-3-1 所示。

大豆秸秆利用 ⇨ 秸秆粉碎还田 ⇨ 配套机械 ⇨ 作业流程

图 4-3-1　实施收获作业任务分解

二、任务前知识准备

问题 4-3-1：简答大豆秸秆机械化处理的意义。

问题 4-3-2：简答大豆秸秆的饲料化应用。

问题 4-3-3：简答大豆秸秆的肥料化还田利用。

问题 4-3-4：简答大豆秸秆的燃料化利用。

三、任务实施

❖ 步骤 1：大豆秸秆利用

1. *大豆秸秆的饲料化利用*

鲜食豆秸中的粗蛋白质（CP，12.21%）、粗脂肪（EE，2.54%）、总能值（GE，18.83 kJ/g）和

矿物质钙(约1.32%)、磷(约0.38%)等物质的含量较高,豆秸中的蛋白质消化率(66.05%)高于其他农作物秸秆,且瘤胃降解参数和有效降解率较高。故豆秸用于动物饲料具有较高的营养价值。豆秸的饲料化利用使蕴含在其中的营养物质转化为肉和奶。在瘤胃微生物作用下,豆秸中的纤维素、半纤维素被分解为挥发性脂肪酸,蛋白质被分解成氨基酸,为家畜机体提供能量和蛋白质来源。豆秸中还富含大豆异黄酮类植物雌激素,能促进雄性动物肌肉的生长,改善瘤胃代谢水平和肉品质。但豆秸直接用作饲料时具有口感差、不易消化、CP含量低等缺点。通常采用物理加工、化学加工或微生物法发酵对豆秸进行处理,改变其纤维素、半纤维素、木质素的结构状态,以提高豆秸的消化率和CP含量。豆秸经过挤压膨化的物理法加工后,其粗纤维(CF)和酸性洗涤纤维(ADF)的含量降低。尿素氨化是一种常用的化学处理方法,豆秸经尿素氨化处理后,纤维部分官能团的亲水性增强,有利于乳酸菌发酵和CP含量增加,使豆秸的营养价值提高。微生物发酵法主要通过乳酸菌进行厌氧发酵处理(青贮),提高秸秆饲料的适口性、消化率和营养成分。

2. 大豆秸秆的肥料化还田利用

豆秸含有丰富的营养元素,还田并经微生物腐解后,能有效增加土壤养分含量,有利于豆秸营养资源的循环利用。豆秸全量还田后,62.6% N、15.3% P_2O_5、61.6% K_2O可归还土壤,相当于减少10%~20%N、P、K化肥的用量。2018年黑龙江省豆秸还田后,增加的速效氮(N)、磷(P_2O_5)和钾(K_2O)分别占到全省总量的25.0%、12.9%和10.5%。秸秆还田有助于改善土壤结构和理化性状,防止土壤酸化,有利于从源头上消除秸秆焚烧现象,减少大气污染。豆秸还田有直接还田和间接还田两种方式,间接还田又包括过腹还田、堆沤还田、炭化还田、烧灰还田等。

(1)直接还田

①翻压还田。翻压还田具有无需堆腐、操作简单、还田量大、养分释放率高、腐解速度快等优点。鲜豆秸的C/N较低、水分和可溶性物质(糖类和蛋白质等)较多,有利于微生物的分解活动,鲜豆秸腐解较干豆秸快。豆秸三年腐解和养分释放率超过92.67%,第一年总腐解65%左右;N、P、K和有机质养分的三年累计释放率分别达到87.40%、91.80%、99.05%和90.70%;豆秸中纤维素、半纤维素、木质素的腐解率依次减小,但四年累计腐解率均超过91%。

②覆盖还田。豆秸具有维管结构,吸水性良好,用作土壤覆盖基质可以疏松土壤,增加土壤孔隙度和透气性,具有保湿保墒的作用。另外,豆秸覆盖还田还可以缓解臭氧对农作物的胁迫效应,增强植株对臭氧的抵御能力,减轻臭氧胁迫对作物叶片光合作用系统的损害,提高叶片的光合作用效率。

(2)间接还田

①处理还田。豆秸的茎韧皮部不易被微生物腐解,豆秸覆盖还田中添加腐熟剂则能有效促进豆秸腐解,在前30 d腐解速率达到最大值。还田作物秸秆的腐解是在物理、化学和微生物共同作用下的复杂过程,其中土壤微生物对豆秸腐解有决定性作用。豆秸中较难被微生物直接分解的是纤维素和木质素,豆秸纤维素结晶度较高,NaOH预处理有利于纤维素水解成葡萄糖,为土壤微生物提供更多碳元素。微生物腐解初期对养分需求量大,故适当施加氮肥有利于微生物生长,加快腐解速率。另外,可以在豆秸腐解时添加红糖,其中的蔗糖被水解为果糖和葡萄糖,为土壤微生物代谢活动提供了丰富的外源碳,有利于提高土壤微生物活性和蔗糖

酶、脲酶等土壤酶的活性，促进秸秆腐解。

②炭化还田。近年来，生物炭还田成为土壤改良与修复的研究热点。豆秸生物炭具有比表面积较大、pH 较高、孔隙发达等特点。大豆秸秆生物炭对铅锌尾矿污染的土壤有修复作用，经修复后的土壤，提高了 pH，减少了土壤中的 Zn、Cd 有效态含量；能有效吸附农作物根部的重金属，阻碍重金属向作物地上部分转移；还能提高蔗糖酶等土壤酶的活性，对土壤中的萘等有害有机物有较高的去除率。豆秸生物炭对微生物群落和土壤硫转化具有良好作用，可用作黄土土壤改良剂。

③沼渣还田。秸秆沼渣是秸秆厌氧发酵后的剩余物，其中含有丰富的养分。通过高温好氧堆肥腐熟，沼渣被微生物降解，可直接作为肥料或土壤改良剂返还农田。堆肥过程中豆秸还能够调整沼渣的多孔介质结构和含水率，改善通风和供氧状况，调节 C/N，提高发酵温度和酶活性，促使沼渣腐熟、腐解。沼渣堆肥发酵的肥料还能促进种子生根。

④过腹还田。豆秸作为冬季牛羊饲料，经过消化后形成粪便，粪便通过发酵转化为有机肥施入土壤中，能大幅提高土壤的有机质和腐殖质含量，还可以有效避免秸秆长期直接还田导致的分解缓慢及诱发病害等问题。过腹还田是豆秸饲料化利用的延伸，二者结合起来使豆秸中营养成分和生物质能量实现最大化的循环利用，与其他还田方式相比更具经济价值和生态意义。

3. 大豆秸秆的燃料化利用

农作物秸秆作为石化燃料后的第四大能源，具有资源丰富、储能高、可再生等特性。豆秸被广泛用作直接燃烧燃料、秸秆成型燃料和生物燃料，用于直燃发电、热解气化、沼气生产及液化等。

(1)直燃燃料

直接燃烧是指将豆秸用作燃料进行炉内燃烧，或作为废弃物进行露天燃烧。秸秆直接燃烧不仅造成资源浪费，还加剧了雾霾污染，产生大量有毒有害物质，对环境安全和人体健康构成严重威胁。豆秸燃烧烟气 PM2.5 中 Cr、Mn、Ni、As 的排放因子均高于其他秸秆和木柴。豆秸燃烧的适合温度为 873～973 K。

(2)秸秆成型燃料

生物质固体成型燃料是将农林生物质经干燥、粉碎、机械加压等加工，制成的具备一定形状和较大密度的生物质燃料，可作为替代化石能源的新型固体燃料使用。豆秸生物质固体燃料的烟气成分中 NOx 含量很低，能有效减轻大气污染，其发热量达到二类烟煤的标准。

(3)生物质燃料

①生物质油热解。生物油是生物质快速热解的产物，生物油通过提纯、精制后可用作发动机和内燃机的燃料。以豆秸和皂脚为原料，利用微波辅助热解法制备生物油，使用 SiC 陶瓷泡沫作为催化剂，在 350 ℃时获得收率较高的生物油，同时使豆秸生物油中碳氢化合物的比例由 63%(无催化剂)增加到 75%。以豆秸为原料，以改性分子筛作催化剂，采用直接液化法制备豆秸生物油，使用催化剂可提高生物油的产率，增加油中芳烃和烷烃的相对含量，提高生物油热值。豆秸为原料通过水热液化法制备生物油，产油率最高为 15.8%，生物油的 C、H 含量显著高于豆秸，热值显著提高。生物质热解焦油经过催化转化可用作柴油替代品或化工原料。利用真空水热液化法制备豆秸生物原油，通过氢供体溶剂(HDS)对其低沸点蒸馏物进行加氢处理，使原油脱氮、脱硫和脱氧，焦炭含量减少，改良后的油品成分主要为饱和烷烃、不饱和烷

烃和芳香族化合物，提升了生物油品质。

②生物质乙醇。生物质乙醇已成为具有很大潜能的可再生能源。豆秸纤维素含量丰富，通过微生物发酵可将纤维素酶解为还原糖，再经过发酵、纯化工艺将其转化成燃料酒精。由于半纤维素和木质素的“胶黏”作用，纤维素骨架难以降解。以豆秸为原料，以稀硫酸为催化剂，通过乙醇溶液预处理后，豆秸原料中半纤维素和木质素的脱除率分别达到 82.9%和 62.0%，使纤维素充分暴露出来，有利于纤维素的酶解糖化反应，还原糖得率可达到 44.17%。

③秸秆沼气。在厌氧条件下，各类微生物可将农作物秸秆分解生成包含 CH_4 和 CO_2 等的可燃性混合气体。H_2O_2 热氧化法，使用 NaOH 预处理豆秸，其木质素去除率可达 53%，甲烷产量提高 62%。

④水热气化制氢气。氢能是最具发展潜力的清洁能源，但低效的制氢技术是制约氢能发展的瓶颈之一。以豆秸为原料，通过超临界水热气化技术生产氢气，产物中含有 H_2、CO_2、CO、CH_4 和 C_1-C_4 烃类等可燃性气体，气化效率评价结果表明，豆秸具有较高的产气量和气化效率，开发氢能潜力巨大。

❖ 步骤 2：秸秆粉碎直接还田技术

1. 技术内容及特点

(1)技术内容

秸秆粉碎直接还田机械化技术是指用收获机自带的粉碎装置或专用秸秆粉碎还田设备将茎秆和茎叶粉碎并抛撒在田间，粉碎后可耕翻将已粉碎的秸秆深埋入土进行还田或者直接覆盖于地表，可对小麦、水稻、高粱、玉米等软硬秸秆进行粉碎。秸秆粉碎直接还田技术主要有秸秆机械粉碎覆盖还田技术和秸秆机械粉碎翻压还田技术两种。

(2)技术特点

①地力培肥，归还养分。提升土壤有机质，同时还向土壤中归还了氮、磷、钾、镁、钙及硫等作物必需营养元素，长期实施可使低产田转变为中高产田。

②改善土壤环境，增强微生物活性。秸秆还田使土壤容量降低，土质疏松，通气性提高，土壤结构得到明显改善。秸秆中含有大量的能源物质，还田后生物激增，土壤生物活性强度提高，接触酶活性可增加 40%以上。随着微生物繁殖力的增强，生物固氮增加，土壤碱性降低，酸碱趋于平衡，养分结构逐步合理。

③抗旱保墒，提高地温。秸秆还田提高土壤有机质的同时，可作为吸水持肥的载体，抑制土壤水分蒸发，防止土壤养分流失，同时提高地温。据测定，连续六年秸秆直接还田，土壤的保水、透气和保温能力显著增强，吸水率提高近 10 倍，地温提高 1～2 ℃。

④提高产量，增加收入。秸秆还田使土壤具备了“保水、培肥、通气、提温”的本领，为农作物生长提供最优的“水、肥、气、热”条件，作物产量显著增加，形成良性循环。试验结果显示：连续实施秸秆还田三年，可以使作物产量提高 10%，节约化肥纯量 3～5 kg/亩。

❖ 步骤 3：配套机械

1. 秸秆粉碎还田机工作原理

秸秆粉碎还田机是通过万向节传动轴或皮带、链传动将拖拉机动力输出轴或联合收获机的动力经机具传动系统传递至粉碎部件，驱动粉碎部件高速旋转用于对田间农作物（玉米、高粱、小麦、水稻、棉花等）秸秆进行粉碎并抛撒还田。在保护性耕作技术应用中，秸秆粉碎还田机常作为免耕播种机的配套机具，用于免耕播种作业前对秸秆进行粉碎处理，将地表秸秆、残茬及杂草粉碎、细化，以减少其对免耕播种机的堵塞和播种质量的影响。

秸秆粉碎还田机的工作原理为逆向高速旋转（刀轴旋转方向与拖拉机或联合收获机驱动轮转向相反）的粉碎刀对直立或地上的秸秆及残茬进行冲击、砍切并将其拾起，随着机器行进秸秆不断喂入，同时粉碎刀高速旋转所形成的气流会在喂入口处造成负压，在其作用下，秸秆被吸入机壳内（粉碎室），机壳内安装有定齿与定刀，动、定刀的相对运动及折线型机壳内壁方向的改变对秸秆的阻挡、限制，使秸秆受到多次剪切、打击、撕裂、搓擦，被粉碎成碎段和纤维状，在气流及离心力作用下被抛送出去，抛撒到田间并被地轮压平。

2. 秸秆粉碎还田机分类

秸秆粉碎还田机有多种分类方法，如表 4-3-1 所示。

表 4-3-1　秸秆粉碎还田机分类

秸秆粉碎还田机	按主要工作部件粉碎刀的结构形式	锤爪式秸秆粉碎还田机
		Y 形甩刀式秸秆粉碎还田机
		直刀式秸秆粉碎还田机
	按粉碎刀轴的运动方式	卧式秸秆粉碎还田机（粉碎刀轴绕与机具前进方向垂直的水平轴旋转）
		立式秸秆粉碎还田机（粉碎刀轴绕与地面垂直的轴旋转）
	按动力传动方式	单边传动秸秆粉碎还田机
		双边传动秸秆粉碎还田机
		齿轮、胶带传动秸秆粉碎还田机
		齿轮、链条传动秸秆粉碎还田机
	按配套方式	与拖拉机配套的秸秆粉碎还田机
		与联合收获机配套的秸秆粉碎还田机
	按粉碎作物种类	玉米秸秆粉碎还田机
		稻麦秸秆粉碎还田机
	按机具相对于拖拉机宽度的关系	正配置秸秆粉碎还田机
		偏配置秸秆粉碎还田机

(1) 与拖拉机配套的秸秆粉碎还田机

目前，国内较普遍使用的是采用齿轮、单边皮带传动的卧式秸秆粉碎还田机，最常用的悬挂位置是后置式，采用标准三点悬挂方式，拖拉机动力通过万向节传动轴传递至机械（图 4-3-2），通常采用逆转方式作业，能够充分地将地面的秸秆捡拾并粉碎。立式秸秆粉碎还田机多用于棉花秸秆的粉碎还田。

微型秸秆粉碎还田机外形小巧，适用于小地块，与 10 马力以上手扶拖拉机配套。该机采用前后 2 个刀轴，增强秸秆粉碎能力(图 4-3-3)。

图 4-3-2　卧式秸秆粉碎还田机

图 4-3-3　微型秸秆粉碎还田机

(2)与联合收获机配套的秸秆粉碎还田机

与联合收获机配套的秸秆还田机可进一步细分为后置式、中置式与前置式连接方式。最常用的为后置式(图 4-3-4)，对于自走式联合收获机，机具采用双连接臂机构与其机架铰接、用液压油缸实现升降，联合收获机的动力通过三角皮带传递至机具；对于背负式玉米联合收获机，机具悬挂方式与拖拉机配套使用的相同。

中置式挂接方式，是将秸秆粉碎还田机悬挂于联合收获机的前后轮中间，采用双连接臂机构与联合收获机的机架铰接，用液压油缸实现升降，联合收获机的动力通过三角皮带传递至机具(图 4-3-5)。

图 4-3-4　后置式挂接秸秆粉碎还田机

图 4-3-5　中置式秸秆粉碎还田机

前置式挂接方式(图 4-3-6)，是将秸秆粉碎还田机悬挂于玉米联合收获机的割台与前轮之间、用旋转框架与液压油缸联合支撑机具并实现升降，联合收获机的动力通过三角皮带或链条传递至机具。

(3)与稻麦联合收获机配套的秸秆粉碎还田机

由于稻麦秸秆细软绵长的特性，要求刀轴转速达到 3 000 r/min，因此对粉碎轴的加工工艺、精度和动平衡要求很高。稻麦秸秆粉碎还田机与联合收获机的连接主要有直联式、抽拉式(滑移式)和翻转式。

直联式是将机械用螺栓直接连接在稻麦联合收获机的排草口处(图 4-3-7)。

图 4-3-6　前置式秸秆粉碎还田机

图 4-3-7　直联式稻麦秸秆粉碎还田机

抽拉式结构简单、安装牢固、成本低,缺点是拆卸不方便。与直联式相比,抽拉式要加装一个过度接口,使接口与稻麦联合收获机排草口相连,下部焊有滑道。使用时将粉碎还田机推入接口的滑道,挂上三角皮带即可作业。不用时摘下三角皮带、将还田机拉出滑道,非常方便(图 4-3-8)。

翻转式是在过渡接口上焊一对铰链,使其与稻麦秸秆粉碎还田机铰接,不用时可将机具翻转并悬挂在稻麦联合收获机上(图 4-3-9)。

图 4-3-8　抽拉式秸秆粉碎还田机

图 4-3-9　翻转式秸秆粉碎还田机

与拖拉机配套的秸秆粉碎还田机按其相对于拖拉机宽度的关系还可分为偏置式和正置式。偏置式是指机具悬挂架中心面偏离拖拉机纵向中心面一定距离。采用偏置式的原因是由于拖拉机宽度一般都大于与其配套使用的秸秆粉碎还田机的工作幅宽,为使作业时能粉碎到地边,不留行,不丢秸秆,一般将机具的悬挂装置相对其纵向中心面偏离一定距离,即制成偏置式。目前偏置式机具使用较广泛,多采用机具向右偏置,好处在于机具作业开始就能粉碎到地边、不丢行。

随着国内大功率拖拉机的发展与使用，为了满足与其配套农机具不断增长的市场需求、企业研制了较大型秸秆粉碎还田机，使其工作幅宽稍大或与拖拉机的宽度相同、挂接时机具中心面与拖拉机的纵向中心面重合。即正置式秸秆还田机。与联合收获机配套的秸秆粉碎还田机一般为正置式。

3. 秸秆粉碎还田机的结构特点

(1)卧式秸秆粉碎还田机

卧式秸秆粉碎还田机主要由传动机构、粉碎室和辅助部件等部分组成(图 4-3-10)。传动机构由万向节传动轴、齿轮箱和皮带传动装置组成。粉碎室由罩壳、刀片和铰接在刀轴上的刀片组成。刀片的形式有L形、直刀形、锤爪式等，刀轴呈横向水平配置，安装在刀轴上的甩刀在纵向垂直面内旋转。辅助部件包括悬挂架和限深轮等。通过调整限深轮的高度，可调节留茬高度，同时确保甩刀不打入土中。

图 4-3-10 卧式秸秆粉碎还田机

卧式秸秆粉碎还田机与拖拉机动力输出轴连接，由拖拉机动力输出轴输出的动力经万向节、主变速箱二轴带动主动轮旋转，主动轮通过三角皮带带动被动轮及粉碎滚筒旋转，安装在粉碎滚筒上的锤爪随滚筒旋转，在离心力作用下张开。高速旋转的锤爪将地面上的作物秸秆抓起，喂入机壳与滚筒组成的粉碎室。此时，秸秆被第一排定齿切割，大部分被切碎。未被粉碎的秸秆，在折线形的机壳内壁受到壳壁截面变化的影响，导致气流速度的改变，使秸秆多次受到锤爪的撞击被粉碎。当秸秆进入锤爪与后排固定齿间隙时，再次受到剪切和撕拉，被粉碎的秸秆经导流板均匀抛撒在田间。紧随其后的限深滚筒将留下的根茎连同秸秆压实在地面上，这样就完成了全部工作过程。

(2)立式秸秆粉碎还田机

立式秸秆粉碎还田机由悬挂架、齿轮箱、罩壳、粉碎工作部件、限深轮和前护罩等组成。立式秸秆粉碎还田机与拖拉机动力输出轴连接，拖拉机动力输出轴输出的动力，通过万向节传动轴、传动齿轮箱输入横轴，经过圆锥齿轮增速和转向后，使垂直立轴旋转，带动安装在立轴上的刀盘工作。罩壳侧板上装有定刀块，在前方喂入口设置了喂入导向装置，使两侧的茎秆向中间聚集，以增加甩刀对秸秆的切割次数，改善粉碎效果。罩壳的前面还装有带防护链或防护板的前护罩，从而只允许秸秆从前方进入，而不许粉碎后的秸秆从前方抛出。在罩壳后方排出口装有排出导向板，以改善铺撒秸秆的均匀性。限深轮装在机具的两侧或后部，通过调节限深高度，可调整留茬高度，保证甩刀不入土，并有良好的粉碎质量。

4. 粉碎刀的种类、结构形式与功用

秸秆粉碎还田机粉碎刀的种类有锤爪式、直刀式和弯刀（甩刀）式。

（1）锤爪式粉碎刀

如图 4-3-11 所示，这种刀型是使用最早的一种。锤爪式粉碎刀的质量大，可产生较大的锤击惯性力，产生的负压高，喂入性好，对玉米、高粱、棉花等硬质秸秆有较好的粉碎性能，但消耗功率较大，工作效率低，秸秆韧性大时，粉碎质量差。

锤爪式秸秆粉碎还田机，每台机具使用 10～15 把锤爪，由于锤爪数量少，使用维修费用低。该类机型对沙石地适应性好，适用于山地、近海、滩涂及平原等各种地况。锤爪式粉碎刀在刀轴上按单螺旋线排列。

（2）直刀式粉碎刀

直刀式粉碎刀一般三片成组使用，间隔较小，排列较密，刀片工作部分开刃。作业时有多个刀同时进行切断，对秸秆撞击次数多，粉碎效果好，刀片运转阻力小，消耗功率较小，工作效率高。粉碎刀在刀轴上按螺旋线排列，刀轴经过平衡试验，工作平稳，振动小（图 4-3-12）。

图 4-3-11 锤爪式粉碎刀

图 4-3-12 直刀式粉碎刀

（3）弯刀（甩刀）式粉碎刀

弯刀式（甩刀）粉碎刀一般两片成组使用，安装成 Y 形，也有采用两弯加一直或四弯加一直的。刀片切割（弯曲）部分开刃、对秸秆剪切功能增强。在刀轴高速旋转时，粉碎刀进行甩击，击碎、切断秸秆，粉碎效率高，秸秆的捡拾性能好，对不同秸秆种类的适应性强。与锤爪式粉碎刀比较，弯刀的体积、质量和所受到的阻力小，消耗功率较小。弯刀（甩刀）型秸秆粉碎还田机动力消耗介于直刀和锤爪式机型之间，作业效率较高，适于粉碎棉花、小麦、向日葵等秸秆。弯刀式粉碎刀在刀轴上一般采用星形排列方式（图 4-3-13）。

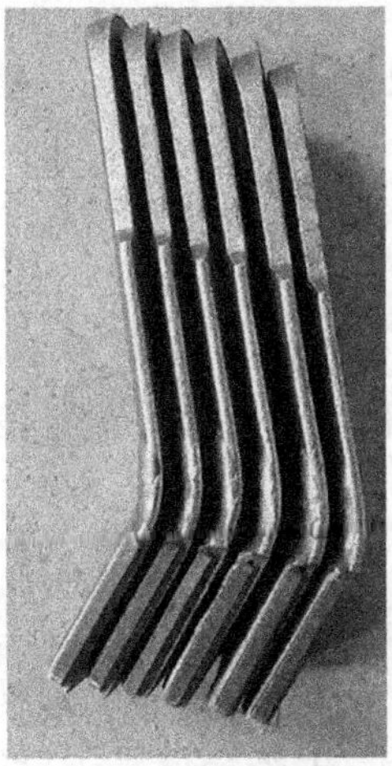

图 4-3-13 弯刀式粉碎刀

5. 秸秆粉碎还田机作业的农业技术要求

根据 NY/T 500—2015 秸秆粉碎还田机作业质量，玉米、高粱等作物秸秆粉碎合格长度≤100 mm，小麦、水稻等作物秸秆粉碎合格长度≤150 mm。与拖拉机配套的秸秆粉碎还田机的主要性能指标应符合表 4-3-2 的规定。

表 4-3-2　与拖拉机配套的秸秆粉碎机的主要性能指标

序号	项目	质量指标要求
1	粉碎长度合格率/%	≥80
2	残茬高度/mm	≤80
3	抛撒不均匀度/%	≤20
4	漏切率/%	≤1.5，且无明显漏切

❖ **步骤 4**：作业流程

（1）秸秆机械粉碎覆盖还田技术

技术路线：机械粉碎秸秆→均匀铺放地表→免耕播种/浅旋播种。

秸秆粉碎覆盖还田技术是指在作物收获的同时，将秸秆粉碎抛撒在地表（或用割晒机收割留高茬后，用秸秆粉碎机将秸秆粉碎抛撒在地表），然后用免耕播种机将作物直接播种在茬地上或浅旋后播种。秸秆覆盖可以减少土壤水分的蒸发，达到保墒的目的。腐烂后的秸秆可增加土壤有机质，增强土壤生物活性，平衡土壤的酸碱度，使养分结构更加合理适宜。

（2）秸秆机械粉碎翻压还田技术

技术路线：机械粉碎秸秆→均匀铺放地表→铧式犁翻埋（或旋耕机混埋）→整地。

秸秆粉碎翻压还田技术是将作物秸秆粉碎后，利用铧式犁或旋耕机将碎秸秆翻埋到土壤中或与土壤混合，是大面积实现以地养地，建立高产稳定农田的有效途径之一。

（3）作业注意事项

1）注意防火　在作物收获后到完成播种前的长时间里，地面都有秸秆覆盖，有时秸秆可能相当干燥，很容易引起火灾，所以防火十分重要。应禁止人们在田间用火、乱丢烟头，特别防范小孩在田间玩火。

2）安全作业要求

①秸秆切碎器转速和冲击频率较高，作业时禁止任何人跟随在切碎器后方，以免被机具甩出的石块和杂物击伤。

②不得私自拆除、改装防护装置。严禁在机具粉碎作业时除故障，比如清除机具夹带的杂草、杂物等。

③作业时，禁止锤爪打土，防止无限增加扭矩而引起故障。若发现锤爪打土时，应调整地轮离地高度或拖拉机上悬挂拉杆的长度。

④转弯时应将还田机提升，转弯后方可降落工作。还田机提升、降落时，应注意平稳，工作中禁止倒退，路上运输时必须切断拖拉机后输出动力。

⑤作业中应注意清除缠草，避开土埂、树桩等障碍物，地头留 3～5 m 的机组回转地带，作业中应随时检查皮带的松紧程度，以免降低刀轴转速而影响粉碎质量和加剧皮带磨损。发生震动或异响时，应立即停机检查，检查时必须关闭发动机并拔下钥匙。

⑥每班次作业后要保养机具；每工作 40 h，应进行安全检查。

3）注意协调秸秆还田与他用的关系　秸秆覆盖还田在需要将秸秆作为饲料、燃料的地区会产生秸秆还田与他用的矛盾。但是，应该认识到农业要持续发展，必须有一定数量的秸秆还田。把一部分秸秆覆盖还田，短期看少了些用料，但长远看，土地肥沃了，生态环境好了，产量更高、秸秆更多，用料也能够更充裕。

(4)适宜区域

因各地的气候、作物、土壤和种植制度不同,因此东北农区、华北农区、西北农区、长江中下游农区、西南农区、南方农区适用不同的秸秆还田模式。秸秆机械粉碎还田技术既适用于一年一熟地区,也适用于一年多熟地区。秸秆机械粉碎覆盖还田技术必须与深松、免耕播种技术相结合,大多用于土壤肥沃、地块平整、交通便利的地区,应用范围较广。

(5)秸秆打捆机生产现状

国外的秸秆打捆机研发较早。1870 年,美国人 Dederic 成功研制出第一台牧草打捆机。20 世纪 30～40 年代,田间捡拾打捆机被成功研制出,但直到 50～60 年代才开始普及和应用,其中著名生产厂家有海斯顿、克拉斯、纽荷兰、爱科、约翰·迪尔等公司。捡拾打捆机一般分为圆捆和方捆两种(图 4-3-14 至图 4-3-17)。圆捆打捆机有内卷式和外卷式两种。方捆打捆机普遍采用滑道弹齿捡拾、曲柄连杆拨叉预压填料、活塞压缩成型和自动穿绳、打结捆扎。捆型有 36 cm×46 cm、120 cm×70 cm(80 cm,90 cm)、120 cm×130 cm 等,捆长可调。采用预压填料技术可保证布料均匀性,以下喂料为主,主要技术有与压缩活塞、穿绳、结扣多运动耦合的五连杆三回环拨料预压和连续喂料预定密度填料两种;上喂料采用逐级回转预压与设定密度填料技术。捆密度控制采用三位传感自动调压技术,集中了润滑、故障诊断、物流与动力负荷自动调节技术,保证了打捆设备的性能和可靠性。

图 4-3-14　约翰·迪尔秸秆方捆打捆机

图 4-3-15　约翰·迪尔秸秆圆捆打捆机

图 4-3-16　克拉斯秸秆方捆打捆机

图 4-3-17　克拉斯秸秆圆捆打捆机

长期以来,我国由于人均土地较少,且地块较小,机械化难以推广,但随着国家粮改饲政策的实施以及农村土地流转政策的完善,这方面将得到有效改善。目前,在我国农村,秸秆收集、储运及初加工多基于农作物分段收获方式,籽粒收获后将秸秆铺放于田间,通过自然晾晒的方式,待含水率符合要求后用秸秆捡拾打捆机进行收集。随着农机购置补贴政策的实施,我国秸秆打捆机生产进入发展机遇期，保有量及千瓦数逐年递增，特别是2015—2016年发展迅速(表4-3-3)，保有量由2008年的0.63万台增长到2016年的4.68万台，千瓦数由2008年的2.45万kW增长到2016年的24.65万kW，秸秆打捆机千瓦数占农机总动力比例相对稳定，处于0.4%～0.6%之间。

表4-3-3　2008—2016年我国秸秆打捆机生产作业情况

年份	保有量/万台	千瓦数/万kW	秸秆捡拾打捆面积/千hm^2	农机总动力/万kW	千瓦数占比/%
2008	0.63	2.45	617.32	82 190.41	0.4
2009	0.77	4.40	699.82	87 496.10	0.6
2010	1.43	6.22	1 122.21	92 780.48	0.6
2011	1.35	6.77	1 435.51	97 734.66	0.5
2012	1.77	9.76	1 706.22	102 558.96	0.6
2013	2.25	12.74	2 219.24	103 906.75	0.6
2014	2.84	16.27	2 825.26	108 056.58	0.6
2015	3.71	19.80	3 873.64	111 728.07	0.5
2016	4.68	24.65	4 350.60	97 245.59	0.6

目前，我国有近60家企业生产秸秆打捆机，型号有140余个，能够满足国内秸秆生产需要。近年来，我国开始初步研制具有知识产权的秸秆打捆机及打结装置，申请专利数量逐年增多。专利数量(包括发明、实用新型、外观)由2008年的5个增长至2016年的96个。其中，河南龙源贸易有限公司祁建培等成功设计了一种多功能方捆打捆机，这种新型装置可将秸秆自动收拾成方捆。打捆机的机架上自前至后配有拾草机构、螺旋搅笼机构、拔草机构、打结器、穿绳针组件，彼此间依靠曲柄连杆机构连接，拾草机构配有仿形轮。中国农业机械化研究院呼和浩特分院刘贵林等设计开发了一种由牵引架、传动轴、捡拾器、喂入叉、打结器、打捆针等组成的饲草捡拾压捆机，由拖拉机驱动牵引，靠活塞往复作用压缩打捆，可以实现在田间对切割晾干后的牧草或作物秸秆捡拾、压缩、打捆等联合作业；赵世祥等发明了一种由齿条驱动机构和掖绳机构组成的秸秆打捆机打结机构。其中，送绳管的左端设置有换向齿条机架，掖绳机构由滑杆固定支架、滑杆、驱动齿条、送绳管连接壁、送绳管、换向齿条和换向齿轮组成。山东农业大学李汝莘等发明设计了一种自动捆扎的卡扣式草捆打结器，其结构包括打结器架体、气压传动系统、凸轮机构、两个抓绳机构、两个扎结机构、两个割绳刀和两个卡扣输送装置。

目前，我国自主开发的秸秆打捆机及打结装置大多借鉴了国外纽荷兰、约翰·迪尔等打捆机生产厂家的设计思路，如典型的"Knotter for baling machine"(United States Patent：4506920)和"Twineknotter for baling presses"(United States Patent：4735446)，但未能充分考虑我国农艺和不同种类秸秆资源的特点，存在整机布局不够合理、结构不够紧凑、能耗大、作业质量不高等缺点，不能很好地满足实际作业需求。而且其核心部件(自动捆扎部件)全面依赖国外进口，从而大大增加了秸秆收储运装备成本。因此，未来应针对以上我国秸秆打捆机械研发过程中存在的问题，研发出适合我国国情的作业性能好、可靠性高、经济适用的秸秆打捆机，并加大自主研究力度，设计开发自动捆扎核心部件，降低秸秆收储运装备成本，推动农业生产的机械化。

四、任务总结评价

➢ 任务完成清单

班级：　　　　　　　　　　姓名：　　　　　　　　　　学号：

任务三　大豆秸秆机械化处理任务完成清单							
序号	大豆秸秆机械化处理	是否完成	资源学习（资源序号）	是否完成	完成日期	是否存在疑问	是否解决
1							
2							
3							
4							
5							
6							
7							
8							
9							
10							
11							
12							
13							
14							
15							
学生签名：				指导教师签名：			
任务完成情况自评：（ A B C D E ）				任务完成情况教师评价：（ A B C D E ）			

说明：等级评价为 A、B、C、D、E 五级，在评价的等级符号上圈圈

➢ 任务评价

班级：　　　　　　　　姓名：　　　　　　　　学号：

任务三　大豆秸秆机械化处理任务完成评价单		
评价内容	评价要素	等级评价
信息检索	有效利用网络资源、工作手册查找有效信息	
	能够有条理地解释、表达所学的知识及技能	
	能将检索的信息进行有效转换	
感知工作	熟悉专业、认同职业工作价值	
	在任务完成中收获成就感	
参与状态	能够尊重教师、同学，达成相互理解	
	能够与教师、同学之间保持多向、丰富、适宜的信息交流	
	探究学习，具备一定自主学习能力，善于处理好合作学习和独立思考的关系，做到有效学习	
	能提出有意义的问题或能发表个人见解；能按要求正确实施操作；能够倾听、协作、分享	
	积极参与到任务中，在学习与工作过程中不断学习，综合运用信息技术的能力获得提高	
学习方法	工作计划、操作技能是否符合规范要求	
	是否获得进一步发展的能力	
工作过程	遵守任务操作规程，操作过程符合任务实施管理要求	
	上课出勤情况，任务完成情况	
	能多角度主动发现问题，提出有价值的问题	
思维状态	善于提出问题、分析问题、解决问题；创新意识	
	按时按质完成任务	
自评反馈	较好地掌握专业知识点、技能点	
	具有较强的信息分析能力和理解能力	
	具有较为全面严谨的思维能力，并能条理清晰地表述成文	
任务完成过程中自我成功小故事描述		

说明：等级评价为 A、B、C、D、E 五级

➢ 任务完成过程收获总结

班级： 姓名： 学号： 教师评价等级：

时间： 年 月 日

说明：任务完成收获主要总结表述在完成过程中的学习收获，要阐述清楚有益的经验和做法，字数≥300字，并制作PPT报告，教师评价等级为A、B、C、D、E五级，综合评价文本总结报告、PPT报告两部分内容

项目总结活动

项目总结活动主要要完成展示任务完成作品、自评、总结心得、PPT 学习总结报告等。

➢ 项目完成清单

班级：　　　　　　　　　　姓名：　　　　　　　　　　学号：

项目四　大豆生产机械化收获技术项目完成清单								
序号	项目设计内容	是否完成	项目收获总结	是否完成	项目评价成功小故事	是否提炼出重点	项目完成难点	是否解决
1								
2								
3								
4								
5								
6								
7								
8								
9								
10								
学生签名：					指导教师签名：			
项目完成情况自评：（ A B C D E ）					项目完成情况教师评价：（ A B C D E ）			

说明：等级评价为 A、B、C、D、E 五级，在评价的等级符号上圈圈

项目知识问答

问题 4-1：大豆收获机械是如何发展的？

问题 4-2：不同收获机械有什么应用特点？

问题 4-3：如何使大豆收获机械发挥更好的作用？

➢ 项目评价

班级：　　　　　　　　　　姓名：　　　　　　　　　　学号：

项目四　大豆生产机械化收获技术项目完成评价单			
评价内容	评价要素	能力提升 自评等级	能力提升 教师评价
信息检索	有效利用网络资源、工作手册查找有效信息		
	能够有条理地解释、表达所学的知识及技能		
	能将检索的信息进行有效转换		
感知工作	熟悉专业、认同职业工作价值		
	在项目完成中收获成就感		
参与状态	能够尊重教师、同学，达成相互理解		
	能够与教师、同学之间保持多向、丰富、适宜的信息交流		
	探究学习，具备一定自主学习能力，善于处理好合作学习和独立思考的关系，做到有效学习		
	能提出有意义的问题或能发表个人见解：能按要求正确实施操作；能够倾听、协作、分享		
	积极参与到项目中，在学习与工作过程中不断学习，综合运用信息技术的能力获得提高		
学习方法	工作计划、操作技能是否符合规范要求		
	是否获得进一步发展的能力		
工作过程	遵守项目操作规程，操作过程符合项目实施管理要求		
	上课出勤情况，项目完成情况		
	能多角度主动发现问题，提出有价值的问题		
思维状态	善于提出问题、分析问题、解决问题；创新意识		
	按时按质完成项目		
自评反馈	较好地掌握专业知识点、技能点		
	具有较强的信息分析能力和理解能力		
	具有较为全面严谨的思维能力，并能条理清晰地表述成文		
请罗列出项目完成过程中自我成功的小故事			

说明：等级评价为 A、B、C、D、E 五级

➢ 项目完成过程收获总结

班级：　　　　　　　　姓名：　　　　　　　　学号：　　　　　　　　教师评价等级：

时间：　　年　　月　　日

说明：项目完成收获主要总结表述在完成过程中的学习收获，要阐述清楚有益的经验和做法，字数≥300字，并制作PPT报告，教师评价等级为A、B、C、D、E五级，综合评价文本总结报告、PPT报告两部分内容

参考文献

[1] 张强．农业机械学.2 版[M]．北京：化学工业出版社，2024.
[2] 汪小昆．农业机械学[M]．北京：中国农业出版社，2023.
[3] 曹雯梅等．农业物生产技术[M]．北京：高等教育出版社，2023.
[4] 陈黎卿．农业生产全程机械化技术[M]．合肥：安徽科学技术出版社，2022.
[5] 张玉先等．大豆高质高效生产 200 题[M]．北京：中国农业出版社，2022.
[6] 王宏富等．农学概论.2 版[M]．北京：中国农业出版社，2021.
[7] 闫文义．大豆生产实用技术手册[M]．哈尔滨：黑龙江科学技术出版社，2020.
[8] 徐云．农业机械概论[M]．北京：中国农业出版社，2019.
[9] 李宝筏．农业机械学[M]．北京：中国农业出版社，2018.